贺师傅天天美食
最营养家常菜

加 贝◎著

U0208316

金牌厨师倾情推荐
营养好菜

译林出版社

图书在版编目（CIP）数据

最营养家常菜 / 加贝著. —— 南京 ：译林出版社，2016.4
（贺师傅天天美食系列）
ISBN 978-7-5447-6282-3

Ⅰ.①最… Ⅱ.①加… Ⅲ.①家常菜肴-菜谱 Ⅳ.①TS972.12

中国版本图书馆CIP数据核字（2016）第071308号

书 名	**最营养家常菜**
作 者	加 贝
责任编辑	陆元昶
特约编辑	梁永雪
出版发行	凤凰出版传媒股份有限公司
	译林出版社
出版社地址	南京市湖南路1号A楼，邮编：210009
电子信箱	yilin@yilin.com
出版社网址	http://www.yilin.com
印 刷	北京旭丰源印刷技术有限公司
开 本	710×1000毫米　　1/16
印 张	8
字 数	30千字
版 次	2016年5月第1版　2016年5月第1次印刷
书 号	ISBN 978-7-5447-6282-3
定 价	25.00元

译林版图书若有印装错误可向承印厂调换

Contents 目录

青少年爱吃的
元气菜

女人爱吃的
养颜菜

桂花红薯年
糕甜汤

花生炖猪蹄

做小煎饼时，红薯泥中加入适量的面粉或糯米粉，可以增加黏性。

蔬菜类的营养密码

　　蔬菜含有丰富的胡萝卜素、维生素C、维生素B_1、叶酸等营养元素，以及钙、磷、铁、钾、钠、镁等多种矿物质，食用蔬菜可以维持体内的酸碱平衡，促进肠胃蠕动，帮助消化，还能延缓糖类吸收，对减肥美容、预防动脉硬化和糖尿病都极有助益。下面就来了解一下几种蔬菜的营养价值及功效吧！

蔬菜	营养价值及功效
菠菜	菠菜的营养价值极高，富含β胡萝卜素，同时也是叶酸、维生素B_1、维生素B_2、维生素C、铁、钾、镁和钙的优良来源。菠菜性凉味甘，可利五脏、活血脉、止烦渴、助消化，被称为"蔬菜之王"。
油菜	油菜含有胡萝卜素、蛋白质、纤维素、维生素A、维生素B群和钙、钾等营养素，可消肿解毒、帮助消化、增加抵抗力，以及降低血压血脂和胆固醇。另外，油菜还具有美容保健作用。
芹菜	芹菜富含蛋白质、碳水化合物、胡萝卜素、B族维生素、钙、磷、铁、钠等，具有平肝清热、祛风利湿、除烦消肿、健胃利血、润肺止咳等功效，可预防高血压、动脉硬化等，还能帮助肾脏有效工作。
萝卜	萝卜素有"小人参"的美称，富含植物蛋白、维生素C和叶酸等，可防止脂肪沉积、降低胆固醇、促进胃肠蠕动。常吃萝卜，不仅能增强机体免疫力，抑制癌细胞的生长，还能止咳化痰、消食下气。
西红柿	西红柿富含胡萝卜素、维生素C、B族维生素、蛋白质、碳水化合物等，具有止血降压、健胃消食、清热解毒等功效。常吃西红柿，有助于祛斑美白、防治皮肤病、消除疲劳等。
茄子	茄子富含维生素B_1、维生素B_2、维生素C、粗纤维、烟酸、蛋白质、铁、钙、磷等营养素，有利尿消肿、活血去瘀的功效，并可治疗肝硬化、降低胆固醇、预防心脏血管疾病等。
杏鲍菇	杏鲍菇含有丰富的蛋白质、碳水化合物、维生素及钙、镁、铜、锌等矿物质，可以提高人体免疫功能，具有抗癌、降血脂、降胆固醇、润肠胃和美容等功效。
口蘑	口蘑含有蛋白质、脂肪、粗纤维、碳水化合物、维生素B_1、维生素B_2、维生素C、烟酸、钙、磷、铁等，可抑制肿瘤的发生，对降低血压、提神消化也有一定作用，并有补脾润肺、理气化痰等功效。

肉类的营养密码

　　肉类含有优质蛋白质、脂肪酸、维生素 B_1、维生素 B_2、烟酸、锌、铁等，不仅可以维持健康、促进生长，还可抑制癌症、动脉粥状硬化，其中所含丰富的铁质，更是补血的上品。下面就来了解一下几种肉类的营养价值及功效吧！

肉类		营养价值及功效
猪肉		猪肉富含维生素B_1、维生素B_2、优质蛋白和人体必需的脂肪酸，并提供血红素和促进铁吸收的半胱氨酸，能改善缺铁性贫血。常吃猪肉具有补肾养血、滋阴润燥的作用，对于维持身体正常机能较有效果。
牛肉		牛肉富含蛋白质、维生素B_6以及铁、钾、锌、镁等多种微量元素，脂肪含量较少，能有效提高机体免疫力，调节人体新陈代谢。常吃牛肉，可以补充人体所需的各种营养元素，特别适宜病后调养的人。
羊肉		羊肉有"百药之库"之称，富含蛋白质、脂肪、氨基酸、维生素、钙、铁、磷等，且胆固醇含量较低，是滋补身体的良好食材，可去湿气、避寒冷、暖胃寒，有补气滋阳、开胃健脾的功效。
鸡肉		鸡肉含有维生素A、维生素C、维生素E、蛋白质、氨基酸、卵磷脂等，不仅可增强体力、活血益气、暖胃健脾，还具有促进人体生长发育、调节身体机能的功能，对怕冷、虚弱等症状有很好的食补功效。
鸭肉		鸭肉富含蛋白质、脂肪、B族维生素、维生素E、烟酸等营养素，具有滋补养胃、利水消肿、止咳化痰的功效，能有效抵抗脚气病、神经炎和多种炎症，还能抗衰老。

📖 书中计量单位换算

1小勺盐≈3g
1小勺糖≈2g
1小勺淀粉≈1g
1小勺香油≈2g
1小勺酵母粉≈2g

1大勺淀粉≈5g
1大勺酱油≈8g
1大勺醋≈6g
1大勺蚝油≈14g
1大勺料酒≈6g

1大勺标准（平勺）✓ ✗

1碗标准

1碗水≈250ml

海鲜类的营养密码

海鲜营养价值高，富含优质蛋白质、脂肪、维生素和矿物质等，有助于降低血液中的胆固醇和血脂肪，预防动脉硬化、心脏病、心肌梗塞和中风，活化大脑，预防老年痴呆症。下面就来了解一下几种海鲜的营养价值及功效吧！

海鲜类	营养价值及功效
鱿鱼	鱿鱼除了富含蛋白质和人体所需氨基酸外，还是一种低热量食物，它可以抑制血液中的胆固醇含量，缓解疲劳，改善肝功能，其含有的多肽和硒等微量元素，有抵抗病毒的作用。
黄鱼	黄鱼蛋白质丰富，还具有多种维生素和微量元素，如硒元素，能清除人体自由基、延缓衰老。黄鱼能健脾、开胃、益气，有补虚、强身的作用，对体质虚弱者来说，是极好的食物。
三文鱼	三文鱼享有"水中珍品"的美誉，富含蛋白质、不饱和脂肪酸、铜等，能有效降低血脂和胆固醇，防治心血管疾病，缓解贫血。三文鱼中还含有DHA，具有增强脑功能、防治老年痴呆之效。
牡蛎	牡蛎含有18种氨基酸、肝糖原、B族维生素、牛磺酸和钙、磷、铁、锌等，具有宁心安神、益智健脑、益胃生津、细肤美颜、强筋健骨的功效，常吃可提高机体免疫力，降血脂，降血压。
鳕鱼	鳕鱼高蛋白、低脂肪，其肝脏含油量高，富含维生素A、维生素D和维生素E等，是提取鱼肝油的原料；鱼肉中富含镁元素，对心血管系统有很好的保护作用，有利于预防高血压、心肌梗死等心血管疾病。
鲈鱼	鲈鱼富含蛋白质、维生素A和B族维生素，以及钙、镁、锌等营养元素，对于调整肝肾、脾胃功能具有很好的效用。常吃鲈鱼不会导致肥胖和营养过剩等症状，是补血、健脾、益气的养生佳品。
鳝鱼	鳝鱼含有蛋白质、脂肪、维生素、钙、磷、铁等，有补气血、治虚损、除风湿之功效，还有温阳健脾、滋补肝肾、祛风通络等医疗保健功能。身体虚弱、病后及产后之人常吃鳝鱼有很强的补益作用。
虾	虾富含蛋白质、钾、镁及维生素A、氨茶碱等，易消化，适于肠胃功能虚弱以及调养身体的人食用。虾中的镁元素，对心脏活动具有重要的调节作用，能有效地保护心血管系统。

青少年爱吃的
元气菜

小河虾炒韭菜、奶酪焗牡蛎、松子鱼……
荤素搭配、美味营养，
让青少年茁壮健康地成长！

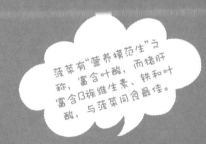

菠菜有"营养模范生"之称，富含叶酸，而猪肝富含B族维生素、铁和叶酸，与菠菜同食最佳。

猪肝炒菠菜

猪肝炒菠菜

初级　⏱ 1小时　🍽 2人

Q&A
猪肝炒菠菜怎么做才清爽鲜嫩？

猪肝买回来后不要急于烹调，应先放在水龙头下冲洗 10 分钟，再放在水中浸泡 30 分钟；猪肝烹调时间不能太短，需炒至呈灰褐色，看不到血丝。另外，肝要现切现做，避免营养流失。

材料
姜 1 块、葱 1 段、红椒 1 个、菠菜 1 把、猪肝 1 块

扫我做美食！

腌料
生抽 1 大勺、料酒 1 大勺、白糖 1 小勺、盐 1 小勺

调料
油 2 大勺、盐 0.5 小勺

制作方法

1 姜去皮、洗净，切末；葱洗净，切末；红椒洗净，切丁。

2 菠菜洗净，切段，入沸水焯烫后捞出，控干水分。

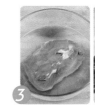

3 猪肝放入清水中浸泡 30 分钟，捞出，切片。

4 猪肝中加入生抽、料酒、白糖、盐，腌制 15 分钟。

5 锅中倒入 2 大勺油，烧热后爆香葱姜，下入猪肝，翻炒至变色。

6 最后，放入菠菜、红椒，快速翻炒，加盐调味，即可盛出食用。

补血补钙 + 保护视力

菠菜有"营养模范生"之称，富含叶酸，而猪肝富含 B 族维生素、铁和叶酸，与菠菜同食最佳，可补血。特别是对孕中期贫血、缺钙的准妈妈来说，猪肝炒菠菜既可有效地补充铁和钙，又能帮助胎儿健康成长。

·营养小贴士·

酱爆香干

中级　⏱ 30分钟　🥢 2人

保护心脏 + 清洁血管

香干含有的卵磷脂可除掉附在血管壁上的胆固醇，防止血管硬化，预防心血管疾病，保护心脏。这道菜中加入香芹、香菇、红椒等食材，不仅色彩鲜艳，营养也更为多元化，其中香芹可降压降脂、控制血糖。

·营养小贴士·

Q&A
酱爆香干怎么做更香味浓郁？

辣椒酱要先爆出香味，再放入食材中翻炒，这样才会更加鲜香诱人；芹菜焯烫时可在水中加点儿盐，然后再迅速过凉，以保证芹菜碧绿，口感清脆。

材料

葱1段、姜1块、蒜3瓣、红椒1个、豆干5块、香芹1棵、香菇2朵

调料

油1大勺、辣椒酱1大勺、生抽1大勺、盐1小勺、白糖1小勺、香油1小勺

扫我做美食！

制作方法

1 葱洗净,姜去皮、洗净,蒜去皮、洗净,均切末。

2 红椒洗净,切丁；豆干洗净,切丁。

3 香芹洗净,入沸水焯烫后捞出,过凉,切丁。

4 香菇洗净,放入沸水中煮2分钟,捞出滗干,切丁。

5 锅中倒入1大勺油,烧热后爆香葱姜蒜。

6 接着放入辣椒酱,爆出香味。

7 放入香干翻炒,调入生抽、盐、白糖,翻炒均匀。

8 加香菇翻炒片刻后,再放入芹菜、红椒。

9 最后,淋入香油,即可出锅。

小河虾炒韭菜

初级　⏱ 20分钟　😋 2人

Q&A
小河虾炒韭菜怎么做才鲜香可口？

首先，河虾一定要选购新鲜的，新鲜的河虾呈青黑色，近乎透明，色发红、躯体软；其次，挑选时不宜选太大的，否则虾须扎嘴，会影响口感。另外，炒河虾时加入黄酒，可去腥。

材料

姜 1 块、韭菜 1 把、小河虾 1 碗

调料

油 2 大勺、黄酒 1 大勺、白糖 1 小勺、生抽 1 大勺、盐 1 小勺

扫我做美食！

制作方法

1 姜去皮、洗净，切丝；韭菜洗净，控干水分后切段。

2 小河虾洗净，滗干水分，备用。

3 锅中倒入 2 大勺油，烧热后放入姜丝煸香。

4 接着放入小河虾炒至微微发红，加黄酒、白糖翻炒片刻。

5 调入生抽，翻炒至微微上色，再放入韭菜快炒 30 秒。

6 最后，加盐调味，在韭菜出水前关火，即可盛出。

补充营养 + 美白祛斑

虾肉质松软，易消化，营养丰富，富含磷、钙，其通乳作用较强，对小儿、孕妇儿有补益功效。对女性来讲，适当地吃一些韭菜，可以美白祛斑，美容养颜。

·营养小贴士·

蚝油金针菇炒甘蓝

初级　25分钟　2人

Q&A

蚝油金针菇炒甘蓝怎么做才筋道爽口？

首先，金针菇放入盐水中浸泡片刻，可清除污物；其次，金针菇根据熟烂快慢可分次放，先放入菌柄，再放入菌盖。另外，甘蓝不可炒太久，否则容易炒老，影响其鲜嫩的口感。

材料

葱1段、胡萝卜1根、甘蓝1棵、金针菇1把

调料

油1大勺、蚝油1大勺、酱油1大勺

扫我做美食！

制作方法

1 葱洗净，切葱花；胡萝卜去皮、洗净，切丝；甘蓝洗净，撕成块，备用。

2 金针菇去根，放入盐水中浸泡20分钟，捞出洗净后控干水分，切段。

3 锅中倒入1大勺油，烧热后爆香葱花，放入金针菇的菌柄，大火煸炒。

4 接着放入金针菇的菌盖继续翻炒，调入蚝油。

5 放入甘蓝、胡萝卜，快速翻炒。

6 最后，加入酱油，既营养又爽口的蚝油金针菇炒甘蓝就做好了。

增强智力 + 健脾养胃

金针菇含锌量比较高，可增强智力，尤其对儿童的身高和智力发育有良好作用；甘蓝被誉为天然"胃菜"，其所含的维生素 K_1、维生素 U，能抗胃溃疡，保护并修复胃黏膜组织，保持胃部细胞活跃旺盛。

·营养小贴士·

三文鱼寿司

中级　30 分钟　2 人

Q&A
三文鱼寿司怎么做才软糯鲜香？

若想减少三文鱼的腥气，可加入少许花雕酒；米饭中加入糯米蒸制，在制作寿司时会增加黏性，口感也不错。另外，卷寿司时需用力卷紧，不然卷出来的寿司会松散不成形，影响美观。

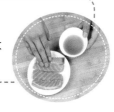

材料

大米半碗、三文鱼 1 块、胡萝卜 1 根、黄瓜 1 根、寿司紫菜 2 张

调料

白糖 1 小勺、寿司醋 1 小勺、花雕酒 1 大勺、寿司酱油 1 大勺

扫我做美食！

制作方法

① 大米洗净，蒸熟后放入盆中，加白糖、寿司醋，搅拌均匀，备用。

② 三文鱼洗净，切条，抹上花雕酒。

③ 胡萝卜、黄瓜分别去皮、洗净，切成条，加寿司酱油拌匀，腌制 10 分钟。

④ 寿司紫菜放在寿司帘子上，再均匀地铺上拌好的米饭、胡萝卜条、黄瓜条、三文鱼条。

⑤ 然后将寿司帘子从一端卷至另一端，包紧后取出寿司卷。

⑥ 将包好的寿司卷切成均匀的段，即可食用。

促进发育 + 补充钙质

三文鱼富含不饱和脂肪酸，能促进胎儿和青少年的发育，另外它还富含维生素 A、维生素 B、维生素 D，以及钙、铁、锌、镁、磷等，将其与和米饭、紫菜做成小巧精美的寿司，有助于提升孩子的食欲，增加营养。

•营养小贴士

泰酱鳕鱼蛋炒饭

🍳 中级　⏱ 20分钟　🍚 2人

Q&A

泰酱鳕鱼蛋炒饭怎么做才鲜咸清香？

将银鳕鱼用盐和淀粉拌匀，炸至呈淡金黄色，可充分释出银鳕鱼的香味，色泽也鲜亮好看；炒泰酱时火力要小些，以免炒煳；放入香菜段、柠檬丝、红椒丝时，火力要旺，这样才能炒出香味。

材料

鸡蛋1个、香菜1根、银鳕鱼1块（约50g）、香米饭1碗、柠檬丝1小勺、红椒丝1小勺

调料

盐2小勺、淀粉1小勺、油2碗、泰酱2大勺（约25g）、胡椒粉1小勺

扫我做美食！

制作方法

1 鸡蛋洗净，磕入碗中，搅拌均匀；香菜洗净，切碎，备用。

2 将洗净的银鳕鱼去皮，切成0.8cm见方的丁，放入碗中，加少许盐、淀粉拌匀。

3 锅置大火上，倒油，烧至六成热时放入银鳕鱼丁，炸至呈淡金黄色，捞出。

4 锅中留2大勺底油，倒入蛋液，炒至六成熟时，加入泰酱炒香。

5 接着放入米饭、银鳕鱼丁，加盐、胡椒粉调味，炒散、炒香。

6 最后，撒上香菜碎、柠檬丝、红椒丝，略炒后即可装盘。

营养丰富 + 保护血管

鳕鱼高蛋白、低脂肪，其肝脏含油量高，富含维生素A、维生素D和维生素E等，是提取鱼肝油的原料；而鱼肉中则含有丰富的镁元素，对心血管系统有很好的保护作用，有利于预防高血压、心肌梗死等心血管疾病。

·营养小贴士·

奶酪焗牡蛎

中级 🕐 20分钟 🍽 2人

Q&A
奶酪焗牡蛎怎么做味道更正宗？

奶酪焗牡蛎的味道实在是妙，新鲜牡蛎加上浓郁奶香，浓浓的意大利风情，让人一吃难忘。为了让奶酪焗牡蛎味道更好更正宗，最好选择个大汁多的新鲜牡蛎，奶酪用马苏里拉奶酪最好。

材料
牡蛎 6 只、菠菜 1 把、蒜 4 瓣、洋葱半个、马苏里拉奶酪碎适量

调料
柠檬汁 2 小勺、胡椒粉 2 小勺、油 3 大勺、盐 0.5 小勺

扫我做美食！

制作方法

1 牡蛎洗净，撬开外壳，取出蛎肉，用柠檬汁和 1 小勺胡椒粉腌制；牡蛎壳洗净备用。

2 菠菜洗净，切段，放入沸水中焯烫；蒜去皮，切末；洋葱去皮，切末。

3 锅中倒入 3 大勺油烧热，放入蒜末和洋葱末爆香，再放入菠菜翻炒。

4 加盐和其余胡椒粉，翻炒均匀后盛出，将炒好的菠菜平均放入牡蛎壳里。

5 将牡蛎肉重新放回牡蛎壳中，撒上马苏里拉奶酪碎。

6 将牡蛎放入预热 180℃的烤箱中，焗烤 5 分钟至奶酪融化即可。

焗

滋阴补阳 + 补血补钙

牡蛎味咸性寒，有重镇安宁、滋阴补阳的功效。菠菜含大量的铁，对缺铁性贫血有改善作用，常食能令人面色红润。奶酪是一种非常美味的奶制品，含有丰富的蛋白质和钙，可以补充人体所需。

·营养小贴士·

日式厚蛋烧

🍳 中级　⏱ 20分钟　🥢 2人

补充能量 + 促进发育

鸡蛋含有丰富的蛋白质、脂肪、维生素和铁、钙、钾等人体所需矿物质，并富含DHA和卵磷脂、卵黄素，对神经系统和身体发育有利，能健脑益智、改善记忆力，并促进肝细胞再生。

营养小贴士

Q&A

厚蛋烧怎么做才能松软可口？

厚蛋烧想要做得松软可口,关键是掌握火候。搅拌蛋液时,不要搅到起泡;煎蛋皮时,要一直保持在中小火的状态,如果有气泡产生,要用筷子戳破,这样才能做出绵细膨松的好吃厚蛋烧。

材料

香葱 5 根、火腿 1 根、鸡蛋 5 个

调料

盐 1 小勺、白糖 1 小勺、油 2 大勺

扫我做美食!

调味汁料

蒸鱼豉油 2 大勺、生抽 1 大勺、白糖 1 小勺

制作方法

1 香葱洗净,与火腿均切成细末,备用。

2 将鸡蛋打入碗中,加盐、白糖、火腿末、香葱末,搅拌均匀。

3 大火将平底锅烧热,用刷子刷一层薄油,转小火,倒入 1/5 蛋液。

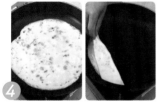

4 轻轻摇晃平底锅,让蛋液均匀布满锅底,稍微凝固后对折卷起。

5 继续放 1/5 蛋液,让蛋液均匀布满锅底。

6 待蛋液稍稍凝固,与步骤 4 中已卷起的蛋卷叠在一起,再次对折卷起至锅边。

7 重复步骤 5、6。

8 最后一次将煎好的蛋饼卷起来后,翻面,再稍微煎一下。

9 将厚蛋烧取出,切开,蘸着调味汁料即可食用。

奶油蘑菇汤

中级　⏲ 20 分钟　🥣 2 人

Q&A
奶油蘑菇汤怎么做才味道香浓？

炒面粉时，要用小火不断拌炒，将面粉炒出微微发焦的香味；倒水时，要边倒边搅，使面糊逐渐黏稠，这样蘑菇汤口感更佳；此汤除了奶香外，还融合了食材鲜味，尤其炒洋葱时，更要炒出洋葱的香味才可。

材料
洋葱半个、口蘑5朵、红椒半个、面粉半碗（约100g）、清水3碗

调料
黄油6大勺、盐0.5小勺、白胡椒粉0.5小勺、淡奶油5大勺（约100g）

扫我做美食！

制作方法

倒入凉水目的是避免面粉结块

1 洋葱去皮、洗净，切丝；口蘑洗净，切片，焯水；红椒洗净，切丁，备用。

2 炒锅烧热，放入5大勺黄油，小火烧至熔化，再放入面粉，炒至颜色微黄。

3 倒入3碗清水，边倒水，边快速搅拌，使面汤浓稠。

4 另起锅烧热，加1大勺黄油，下入洋葱丝，中火炒至颜色微黄、香味飘出。

5 放入口蘑、红椒翻炒，裹匀黄油后，倒入面汤，大火煮沸。

6 最后，加盐、白胡椒粉、淡奶油，搅拌均匀，再次煮沸后，即可食用。

补充蛋白 + 抵抗氧化

黄油中蛋白质丰富，还含有大量维生素A、矿物质，其味道香甜，深受青少年喜爱，常吃黄油能起到促进骨骼发育的作用。口蘑中有一种天然抗氧化剂，与同样有抵抗氧化作用的虾同吃，延缓衰老效果更好。

·营养小贴士·

23

胡萝卜烧牛尾

🍲 高级　⏱ 1小时　🍶 2人

补中益气 + 强健筋骨

牛尾含有蛋白质、维生素等营养成分，既有补中益气的功效，又有填精补髓的功能；胡萝卜含有植物纤维，吸水性强，可增大肠内食物体积，加强肠道的蠕动，促进排便。二者同食有益气血、强筋骨、补体虚等作用。

·营养小贴士·

Q&A

胡萝卜烧牛尾怎么做才肉鲜味美?

牛尾略腥，要用料酒、葱姜、芹菜等食材去除腥味；焖煮时，必须加开水，这样可使蛋白质凝固，防止鲜味流失；炖胡萝卜前，要预先用油煎炒，使胡萝卜吸油，待胡萝卜素释出，才更美味营养，容易被人体吸收。

材料

胡萝卜1根、芹菜1棵、牛尾2斤、葱10片、姜10片、香叶2片、八角2个、开水3碗、香菜末1大勺

调料

料酒2大勺、油4大勺、老抽1大勺、盐2小勺、白胡椒粉1小勺

扫我做美食!

制作方法

1 胡萝卜去皮，切成4cm见方的滚刀块；芹菜洗净、去筋，切成4cm长的斜段。

2 牛尾剁成段状，用清水浸泡3小时，期间换3—4次水，泡出血水。

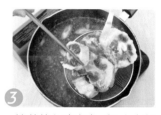

3 接着放入冷水中，加1大勺料酒和一半葱姜片，大火加热，撇沫、捞出、洗净。

4 锅中倒2大勺油，先放入胡萝卜块，中火煸炒2分钟，盛出，备用。

5 另倒2大勺油，放入牛尾，转小火，煎至颜色微黄。

6 再转中火，倒入老抽、料酒，翻炒均匀，上色、去腥。

7 将牛尾放入高压锅中，加香叶、八角、开水和其余葱姜片，加盖焖30分钟后排气。

8 然后放入芹菜和炒过的胡萝卜，加盐、白胡椒粉，加盖再焖20分钟。

9 焖好后盛出，撒上香菜末，即可享用。

蛋黄焗玉米

中级　🕐 15分钟　2人

Q&A

蛋黄焗玉米怎么做才味鲜色美？

腌制后的熟咸鸭蛋黄变软出油，经过小火翻炒，非常可口，且颜色诱人，裹在被炸得金黄的玉米粒上，更显得饱满，让人垂涎欲滴。和玉米炸制不同，咸鸭蛋黄应小火炒，直到起沫、翻沙，以保证其营养价值。

材料
熟咸鸭蛋 3 个、香葱 1 根、生玉米粒 1 碗

调料
淀粉 1 大勺、油 1 大勺、白糖 1 小勺

扫我做美食！

制作方法

1 将熟咸鸭蛋剥壳取出蛋黄；香葱洗净，切末。

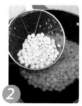

2 将生玉米粒焯水，加入 1 大勺淀粉，搅拌均匀，备用。

3 锅烧热，加 1 大勺油，放入玉米粒，待玉米粒外壳呈金黄色，捞出备用。

4 锅中留少许底油，下入咸鸭蛋黄，小火翻炒。

5 炒至咸鸭蛋黄起沫、翻沙，香味飘出，下入熟玉米粒和 1 小勺白糖，中小火翻炒。

6 4 分钟后，锅内加入香葱末，翻炒均匀，出锅装盘即可。

促进排毒 + 延缓衰老

玉米中富含营养物质，其中含有的大量植物纤维能促进人体排毒，维生素 E 有延缓衰老、降低胆固醇的功能。食用玉米的胚尖可以增强人体新陈代谢，调节神经系统。

·营养小贴士·

五香熏鲅鱼

🍴 中级　⏱ 2 小时 30 分钟　🥣 2 人

补气平咳 + 提神防衰

鲅鱼富含蛋白质、维生素 A、脂肪、矿物质（主要是钙）等营养元素，具有补气、平咳、提神和防衰老等食疗功能，常食对体弱咳喘、贫血、早衰、营养不良、产后虚弱和神经衰弱等症会有一定辅助疗效。

•营养小贴士•

Q&A

五香熏鲅鱼怎样做才能香浓入味？

鱼肉用醋腌泡，可使鱼刺软化、鱼骨酥烂易嚼，浸泡时多翻动，可使其入味均匀。 鱼块煎好捞出，趁热放入熏鱼汁，才能更好地吸收熏鱼汁的味道。

扫我做美食！

 材料

葱 1 根、姜 1 块、鲅鱼 1 条、淀粉 1 碗、花椒 1 小勺、八角 5 个、桂皮 1 块、香叶 2 片

 调料

油 4 碗、生抽 4 大勺、冰糖 2 大勺、白酒 1 大勺

腌料

五香粉 2 小勺、盐 0.5 小勺、老抽 1 小勺、料酒 1 大勺、醋 2 小勺

制作方法

1 葱、姜均洗净，切片；鲅鱼洗净，去除内脏和肚内黑膜，再洗净、滗干，切成 3cm 宽的鱼块。

2 在鱼块中加入腌料，腌制 2 小时入味。

3 鱼块裹淀粉，下入六成热的油锅中，中火炸至色泽金黄，捞出、控油。

4 炒锅烧热，放入花椒，小火慢慢将其焙干，直至飘出香味。

5 再放入生抽、葱、姜、冰糖、八角、桂皮、香叶，倒入清水，小火煮沸后盛出，加入白酒，制成熏鱼汁。

6 将炸好的鲅鱼块放入熏鱼汁中，腌制 15 分钟后盛出，即为五香熏鲅鱼。

姜汁铁板豆腐

中级　40分钟　2人

益气补虚 + 驱寒降燥

豆腐富含高蛋白，低脂肪，具有降血压、血脂、胆固醇的功效，有宽中益气、调和脾胃、消除胀满之效；姜富含多种维生素、蛋白质等，具有发汗解表、温肺止咳、驱寒补气等功效。

·营养小贴士·

30

Q&A
姜汁铁板豆腐怎么做才外焦里嫩？

制作姜汁铁板豆腐时，将豆腐两面均匀粘上玉米淀粉，然后小火慢煎，可使豆腐外焦里嫩；小火烧制时，不盖锅盖，可避免煎制好的豆腐外皮变软。先将姜末爆香，后用高汤等调味，可使这道菜更加汁浓味美。

材料
胡萝卜半根、姜1块、蒜3瓣、香葱2根、红椒半个、西兰花半个、南豆腐1块

调料
油2大勺、生抽2小勺、白糖2小勺、蚝油0.5大勺、料酒1大勺、高汤1碗

扫我做美食！

制作方法

1 胡萝卜、姜、蒜分别洗净、去皮，切末；香葱洗净，切葱花；红椒洗净，切末。

2 西兰花洗净，用刀切成小朵，备用。

3 南豆腐洗净，切成长方形的块。

4 平底锅烧热、放油，逐一放入豆腐块，小火煎至两面金黄，盛出。

5 锅中留底油，放入姜末、蒜末爆香，接着放入胡萝卜末、红椒末炒熟。

6 放入煎好的豆腐块，倒入生抽、白糖、蚝油、料酒、高汤调味。

7 大火烧开后，转小火继续烧制；然后另起一锅，倒水，将西兰花烫至半熟。

8 平底锅内的汤汁变浓稠时，加入西兰花。

9 稍微翻炒后撒入香葱花，即可出锅。

香菇扒油菜

初级　10分钟　2人

活血消肿 + 生津润燥

油菜活血、通便、降血脂，对脾胃虚弱者十分有帮助；油菜同时具有清热、解毒的功效，其中大量的维生素 C 和胡萝卜素，能增强人体免疫，调节新陈代谢，搭配提升食欲的香菇食用，既美味，又健康。

·营养小贴士·

32

Q&A

青菜怎么炒才又绿又脆又好吃？

可将青菜放入加了油和盐的沸水中焯烫片刻，再下锅大火快炒，这样不但保留了青菜的颜色，使其翠绿鲜亮，还会使口感更加爽脆，绿叶菜、块茎类蔬菜都适用此法。

材料

干香菇 10 朵、小油菜 5 棵、葱 1 段、蒜 2 瓣

调料

油 2 大勺、蚝油 1 小勺、老抽 1 小勺、白糖 1 小勺、水淀粉 1 大勺、白芝麻 1 小勺

扫我做美食！

制作方法

斜刀切片可以使香菇看起来比较大

1 干香菇洗净、泡发，去除根部，切成片状，备用。

2 小油菜掰开、洗净，焯水，捞出沥干。

3 葱洗净，切片；蒜拍扁，切成细末，备用。

4 炒锅中加油，待油烧热，下入葱片、蒜末爆香。

5 接着放入香菇片，翻炒片刻，炒至香菇变软。

6 再将焯好的油菜倒入锅中，大火翻炒 1 分钟。

7 然后加蚝油、老抽、白糖各 1 小勺调味。

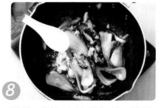

8 接着，倒入水淀粉勾芡，拌炒均匀。

9 最后，撒入白芝麻，将香菇油菜盛入盘中，就大功告成了。

女人爱吃的
养颜菜

杏鲍菇回锅肉、黑豆凤爪汤、腰果拌脆芹……

美容养颜、补血润肠，

让女人越健康越美丽！

黑豆富含蛋白质、磷脂、生物素等，可降低胆固醇、润肠补血，与凤爪同煮，绝对是一款极为养颜的靓汤。

黑豆凤爪汤

西红柿烩鲜虾

中级　⏱ 20分钟　🍽 2人

增强免疫 + 抵抗氧化

虾富含营养，蛋白质含量是鱼、蛋、奶的数倍。虾头红色的部分是虾青素，颜色越深，说明虾青素含量越高。虾青素是虾体内重要的营养物质，也是目前发现的最强抗氧化剂之一。

·营养小贴士·

Q&A
西红柿烩鲜虾怎么做才更鲜美？

虾和西红柿是此菜的主料，所以必须去除虾肠、虾枪和西红柿皮，否则尖锐的虾枪和脱落的西红柿皮会直接影响食用口感。

材料

西红柿2个、洋葱半个、青椒半个、黄椒半个、蒜3瓣、鲜虾半斤

调料

油2大勺、盐2小勺、开水半杯、水淀粉2小勺

扫我做美食！

制作方法

1 西红柿顶部切"十"字，入滚水煮20秒后捞出，晾凉后将外皮撕掉。

2 洋葱洗净，切末；青黄椒洗净，切菱形片；蒜去皮，切末；西红柿切小块。

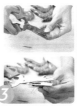

3 鲜虾洗净，将虾枪、虾须、虾尾剪掉。

4 多余部分去除后，用牙签将虾的肠泥挑出。

六成热：
油面微微冒烟

5 锅中倒2大勺油，中火烧至六成热时，放入洋葱、蒜，炒出香味。

6 放入青黄椒、西红柿煸炒均匀，然后加开水煮沸，再加2小勺盐调味。

7 接着放入鲜虾，继续翻炒至虾变色。

8 加开水煮沸，转小火焖煮5分钟。

9 最后，倒入调好的水淀粉勾芡，待汤汁黏稠，即可出锅。

剁椒干黄瓜

初级　⏱ 15分钟　🥄 2人

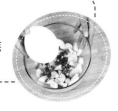

Q&A

剁椒干黄瓜怎么做才爽口脆嫩？

首先，需挑选表皮带刺的黄瓜，看起来细长均匀且颜色较为深的，比较新鲜脆嫩，吃起来口感更佳；其次，油烧热后应立即泼在蒜蓉上，待蒜香味飘出，再倒入黄瓜中，蒜香扑鼻，格外好吃。

材料

蒜4瓣、黄瓜2根

调料

油1大勺、剁椒1大勺、盐1小勺、香油1小勺、极鲜酱油1大勺

扫我做美食！

制作方法

1 蒜去皮、洗净，切成蒜蓉，放在小碗中。

2 黄瓜去皮、洗净，切滚刀块，备用。

3 锅中倒入1大勺油，烧热后，泼在蒜蓉上，做成蒜蓉油。

4 黄瓜中加入剁椒、盐、香油、极鲜酱油。

5 接着倒入蒜蓉油。

6 搅拌均匀后，香辣爽口的剁椒干黄瓜就做好了。

祛除皱纹 + 减肥瘦身

黄瓜平和除湿，可以收敛和消除皮肤皱纹，对于皮肤较黑的人效果尤佳。黄瓜中含有丰富的维生素E，可起到延年益寿、抗衰老的作用。黄瓜中所含的丙醇二酸，可抑制糖类物质转变为脂肪，有减肥的功效。

·营养小贴士·

39

檬汁脆藕

初级　⏱ 15分钟　🍽 2人

Q&A

檬汁脆藕怎么做才更加脆爽？

莲藕焯熟后过凉，会增加其脆嫩口感；做好的莲藕在冰箱中保鲜几个小时后再吃，口感会更脆爽。另外，柠檬可放入微波炉热几十秒，这样会挤出更多的汁。

材料

莲藕 1 节、柠檬 1 个

调料

蜂蜜 2 大勺、清水 1 大勺

扫我做美食！

制作方法

1 莲藕去皮、洗净，切成薄片，入沸水焯熟后捞出过凉，沥干，备用。

2 柠檬洗净，切开，将柠檬汁挤入碗中，备用。

3 柠檬皮去掉白膜，切成细丝，放入盛有柠檬汁的碗中。

4 接着往碗中加 2 大勺蜂蜜、1大勺清水，调匀。

5 将步骤 4 中所调料汁浇在藕片上，搅拌均匀。

最好经常取出来翻动一下

6 覆盖保鲜膜，放入冰箱中冷藏，食时取出即可。

排毒养颜 + 营养丰富

莲藕可帮助排泄体内的废物和毒素，达到排毒养颜的功效，还可保持脸部光泽，有益血生肌的功效。柠檬富含维生素 C、糖类、钙、磷、铁、维生素 B_1、维生素 B_2 等多种元素，对人体十分有益，且有美白的功效。

•营养小贴士•

泰式冬阴功汤

🍲 高级　🕐 2 小时 30 分钟　🍜 4 人

暖身养胃 + 祛湿保健

冬阴功汤的养生效果非常好，常喝冬阴功汤，可以抑制消化道肿瘤生长。另外，香茅有助于排出肠胃内的多余气体；红辣椒有促进血液循环，保护心脏的作用。对常年湿热的南方地区来说，冬阴功汤还有祛湿功效。

•营养小贴士•

Q&A

冬阴功汤怎么做才酸辣鲜香？

冬阴功汤鲜香的秘诀是：煮鸡汤时，需加姜片去腥提味，并撇去浮沫，保证汤水不腥不腻；冬阴功酱口味酸辣，熬汤前最好先将其炒香，若偏爱酸辣味，可再加柠檬、朝天椒等作料，这样熬出的汤会更加酸辣。

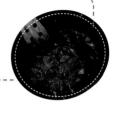

材料

干香茅半根、小西红柿 5 个、姜 1 块、口蘑半斤、鲜虾 10 只、鱿鱼 1 条、鸡汤 5 碗、鱼丸 10 个、香菜末 1 大勺

调料

油 1 大勺、冬阴功酱 3 大勺、鱼露 1 大勺、白糖 1 小勺、椰浆 6 大勺

扫我做美食！

制作方法

① 干香茅洗净，剪成段状，放入香料包；小西红柿洗净、去蒂，对半切开；姜切片。

② 口蘑洗净，切片，放入滚水中焯烫至熟，备用。

③ 鲜虾洗净，剪去虾须、虾枪、虾脚，再用刀划开虾背，挑出肠泥。

④ 鱿鱼洗净，撕去黑膜，在鱿鱼身上切花刀，再切成大片，放入滚水中焯烫。

⑤ 煮锅中倒入鸡汤，放入香料包，大火煮沸，转小火熬 30 分钟，捞出香料包。

⑥ 炒锅中倒油，中火烧热，炒香姜片，加冬阴功酱，转小火翻炒均匀，至香味飘出。

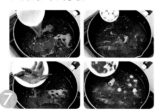

⑦ 然后将熬好的鸡汤倒入锅中，放入虾、鱼丸、鱿鱼、小西红柿、口蘑。

⑧ 汤煮沸后，加入鱼露、白糖调味，搅拌均匀，再煮 5 分钟。

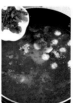

⑨ 出锅前淋入椰浆，撒上香菜末，即可盛出食用。

牛油果烤鸡蛋

初级　20分钟　2人

Q&A

牛油果烤鸡蛋怎么做才鲜香绵软？

首先，选购牛油果时，不要挑选颜色太深的；其次，将蛋黄打入牛油果中时需十分小心，为避免蛋黄流出，可用勺子挖去一点儿牛油果果肉，或是选取小点儿的鸡蛋。另外，烤至蛋黄稍凝固即可，切忌时间过长。

材料

牛油果 1 个、鸡蛋 2 个

调料

盐 0.5 小勺、黑胡椒粉 1 小勺

扫我做美食！

制作方法

1 牛油果洗净，对半切开，去核，备用。

2 鸡蛋洗去表面污垢，将蛋黄打入牛油果中。

3 接着撒入半小勺盐。

4 再撒上 1 小勺黑胡椒粉。

5 提前预热烤箱，放入处理好的牛油果，180℃烤 15 分钟。

6 烤至蛋液稍凝固，取出，营养美味的牛油果烤鸡蛋就做好了。

滋润皮肤 + 保护子宫

牛油果富含甘油酸、蛋白质及维生素，是天然的抗氧化、抗衰老剂，不但能软化和滋润皮肤，还能收细毛孔，使皮肤表面形成乳状隔离层，有效抵御阳光照射，防止晒黑晒伤。牛油果还能保护女性的子宫和子宫颈健康。

营养小贴士

黑豆凤爪汤

中级　2 小时 30 分钟　2 人

Q&A

黑豆凤爪汤怎么做才鲜香美味？

凤爪本身有油脂，所以炖汤时不必再放油；黑豆和枸杞均需提前浸泡，这样吃起来才软糯鲜香。另外，凤爪需剪去趾甲，洗净污垢，以免影响口感。

材料

香葱 1 根、黑豆半碗、枸杞 1 大勺、凤爪 5 个

调料

盐 1 小勺

扫我做美食！

制作方法

1 香葱洗净，切葱花，备用。

2 黑豆、枸杞分别洗净，提前放入清水中浸泡 2 小时，捞出，备用。

3 凤爪洗净，剪掉趾甲，切成两段。

4 接着放入沸水中焯烫片刻，捞出。

5 锅中倒入清水，放入黑豆、枸杞、凤爪，大火煮沸后，转小火炖 2 小时。

6 炖好后调入盐，撒上葱花，即可食用。

美容养颜 + 润肠补血

黑豆是各种豆类中蛋白质含量最高的，含有磷脂、大豆黄酮、生物素，所以吃黑豆不但不会引起高血脂，还有降低胆固醇的作用。另外，黑豆性平味甘，有润肠补血的功能，与凤爪同煮，绝对是一款极为养颜的靓汤。

·营养小贴士·

47

黄金玉米羹

初级　⏱ 20分钟　🍚 2人

Q&A

黄金玉米羹怎么做才清香四溢？

若是用甜味玉米罐头制作此汤，则汤中不必多加白糖；胡萝卜素是脂溶性营养素，加水前，需要预先煸炒胡萝卜，使营养更易被吸收；玉米羹清淡，可加适量牛奶，使味道香浓，口感富有层次。

材料

豌豆 2 大勺、玉米粒 1 碗、胡萝卜半根、鸡蛋 2 个、葱 3 片、姜 1 片、牛奶半碗、枸杞 1 大勺

调料

盐 1 小勺、白糖 1 小勺、水淀粉 1 大勺

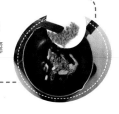

扫我做美食！

制作方法

1 豌豆、玉米粒放入热水中浸泡，捞出、过凉，备用。

2 胡萝卜去皮，切成小粒；鸡蛋打散成蛋液，备用。

3 锅中倒入 1 大勺油，中火烧热，爆香葱、姜，再放入胡萝卜粒煸炒。

4 接着，放入玉米粒和豌豆，翻炒均匀。

5 炒至食材表面油亮时，加入清水、牛奶、盐，搅拌均匀，用大火煮沸。

6 撒入枸杞和白糖，再缓缓倒入鸡蛋液，略微搅拌，淋入水淀粉勾芡即可。

排毒养颜 + 延缓衰老

玉米中含有大量植物纤维，能促进身体排毒，降低胆固醇；玉米含有的维生素 E 具有活化细胞的功能，可以延缓衰老；玉米中还有大量维生素 C，可提高免疫力，故而此汤特别适合高血压、高血脂者食用。

·营养小贴士·

黑芝麻核桃粥

 初级  30分钟 2人

Q&A 黑芝麻核桃粥怎么做才浓稠干香？

糯米本身就黏，煮前泡水可使糯米粥更加绵软适口；炒核桃仁前，不用去掉附着在果仁上的薄皮，不然会损失核桃的营养；黑芝麻和核桃炒出干香味后，放入锅中略煮即可，时间不必太长，如此口感更好。

材料

核桃仁 10 粒、黑芝麻 3 大勺（约 50g）、圆糯米半碗（约 100g）、清水 6 碗

调料

白糖 3 大勺

扫我做美食！

制作方法

1 炒锅烧热，把核桃仁和黑芝麻分别炒至干香，盛出、放凉。

2 将熟黑芝麻放在案板上，用擀面杖研磨、压碎成黑芝麻粉，备用。

3 圆糯米放入清水中浸泡 10 分钟，捞出、洗净。

4 锅中倒入 6 碗水，用大火煮沸后，放入泡过的圆糯米，再转小火熬 40 分钟。

5 然后将炒过的黑芝麻粉和核桃仁倒入锅中，再续煮 10 分钟，关火。

6 最后，放入白糖，搅拌均匀，即可食用。

强健发质 + 健脑防衰

黑芝麻中含有的蛋白质、铁元素和人体必需的氨基酸，有助于促进头皮毛发生长，可预防落发和白发等症；核桃健脑益智，能有效地改善记忆力，延缓衰老，并润泽肌肤，还可以减少胆固醇的吸收。

·营养小贴士·

杏鲍菇回锅肉

中级　⏱ 35分钟　🍚 2人

Q&A

杏鲍菇回锅肉怎么做才鲜香不腻？

五花肉需先入沸水煮制，至能用筷子轻轻插入再进行炒制，且炒到肉出油，这样做出的肉吃起来才口感香嫩；放入豆瓣酱、甜面酱等调味料，可使整道菜不仅不腻，而且更添鲜美滋味。

扫我做美食！

材料

青蒜1根、红尖椒1个、杏鲍菇2个、五花肉1块、葱白5片、姜3片

调料

料酒1大勺、油2大勺、豆瓣酱1大勺、甜面酱1大勺、生抽1小勺、盐1小勺、白糖1大勺

制作方法

1 青蒜洗净，切段；红尖椒洗净，切片；杏鲍菇洗净，切片。

2 锅中加水烧沸，放入洗净的五花肉和葱白、姜片，加料酒，焯熟，捞出沥干，切片。

3 锅中倒入2大勺油，烧热后放入五花肉，炒至出油。

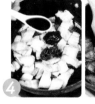

4 接着加入豆瓣酱、甜面酱、生抽，翻炒至上色、出香味。

5 放入杏鲍菇翻炒片刻，再加入红尖椒拌炒。

6 最后，调入盐和白糖，加入青蒜，翻炒均匀后，即可出锅。

提高免疫 + 美容养颜

杏鲍菇富含蛋白质、碳水化合物、维生素及钙、镁、铜、锌等矿物质，可以提高人体免疫功能，具有抗癌、降血脂、润肠胃以及美容等作用，另外还有促进胃肠消化、防治心血管病等功效，极受人们喜爱。

•营养小贴士•

蜜汁南瓜

初级　⏱ 20分钟　🥄 2人

Q&A

蜜汁南瓜怎么蒸才更加香甜？

小金瓜比普通南瓜更加绵软香甜，制作这道菜最好选用外皮金黄的小金瓜；蒸南瓜之前，可事先在生南瓜上用牙签扎出小孔，然后再淋入蜂蜜，使其渗入南瓜，这样蒸出的南瓜更加好吃。

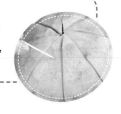

材料

小金瓜半个、红枣 10 颗、鲜百合 1 大勺

调料

蜂蜜 2 大勺

扫我做美食！

制作方法

① 小金瓜洗净、去皮，切块、去瓤，备用。

② 红枣洗净、浸泡，去核；百合洗净，备用。

③ 南瓜块按南瓜造型摆放在盘中，撒上红枣、百合。

④ 往南瓜上淋入 2 大勺蜂蜜。

⑤ 然后将南瓜放入蒸锅内，大火蒸 20 分钟至熟。

⑥ 最后，倒出盘中的水即可。

提高免疫 + 润肺益气

南瓜富含类胡萝卜素、矿质元素、氨基酸和活性蛋白、维生素等，可提高机体免疫功能，促进骨骼发育，有利于预防骨质疏松和高血压。另外，南瓜还有润肺益气、化痰排脓、驱虫解毒、美容抗痘等功效。

·营养小贴士·

腰果拌脆芹

中级　20分钟　2人

强化免疫 + 润肠通便

腰果中维生素 B_1、维生素 A 含量丰富，有消除疲劳的效用，常吃腰果可以强身健体、强化免疫。芹菜中的膳食纤维可促进肠道蠕动，腰果的油脂具有滋润肠道的作用，二者搭配食用，可以使肠道通畅。

·营养小贴士·

Q&A

腰果拌脆芹怎么做才清香爽口？

若要保持芹菜的脆爽，焯水时间以 2~3 分钟为最佳；焯水后需立刻放入冷水中或通风处晾凉。此外，制作提味的花椒油时，花椒和干辣椒要分别过油，并最后撒入白芝麻提味，这样做出的料油才会香。

材料

芹菜 2 根、蒜 3 瓣、小红辣椒 5 个、枸杞适量、腰果 20 个、花椒 1 小勺、干辣椒 10 个、白芝麻少许

调料

油 11 大勺、盐 1.5 小勺、香油 1 小勺、白糖 0.5 小勺

扫我做美食！

制作方法

1 将芹菜根部由里向外折断，去除老丝，洗净。

2 芹菜切成 4cm 长、0.5cm 粗的长条。

3 蒜去皮，切末；小红辣椒洗净、去蒂，切丝；枸杞泡发，备用。

利用余温将芝麻烘出香味

4 锅内加水、1 大勺油、1 小勺盐煮沸，放入芹菜，焯水 1 分钟后，冷水过凉、滗干。

5 锅中倒入 10 大勺油，放入腰果，开小火煸至金黄，捞出，备用。

6 锅内留 5 大勺油，加入香油、花椒，小火炒香后，撒除花椒粒，放入干辣椒炸香，关火，撒入白芝麻，盛出、晾凉。

7 将芹菜放入碗中，加入白糖和半小勺盐，搅拌均匀。

8 将干辣椒油淋入盛有芹菜的碗中。

9 再将炸好的腰果放入芹菜碗中，搅拌均匀即可。

豆豉苦瓜炒牛肉

初级　⏱ 30 分钟　🍽 3 人

Q&A

豆豉苦瓜炒牛肉怎么做才豉香浓郁？

苦瓜的苦味让很多人望而却步，将苦瓜在淡盐水中搓洗并浸泡10分钟，可以适当去除苦瓜的苦味，但又不至于完全去除，仍能保存苦瓜独特的口感。豆豉一定要小火炒香，这样牛肉才会入味。

材料

牛肉1块、苦瓜1根、蒜5瓣、姜4片、干辣椒5个

调料

生抽2小勺、料酒2小勺、盐1小勺、油3大勺、豆豉4小勺

扫我做美食！

制作方法

> 用刀背捶打可使牛肉断筋，口感更鲜嫩

① 牛肉洗净，切成薄片，并用刀背捶打。

② 往牛肉片中加入生抽、料酒，腌制15分钟。

③ 苦瓜洗净、去瓤，切成薄片，放入淡盐水中浸泡10分钟，捞出、沥干。

④ 炒锅中倒入3大勺油，下入蒜瓣、姜片、干辣椒、豆豉爆香。

> 牛肉片入锅后要赶快打散，以防粘锅

⑤ 然后放入腌好的牛肉片，用大火翻炒至变色。

⑥ 放入苦瓜，大火翻炒2分钟，炒匀后即可盛出。

清热解毒 + 调节免疫

苦瓜中含有苦瓜素，具有清热祛火、解毒明目的功效。苦瓜蛋白可以有效激活人体内免疫系统的防御功能，使免疫细胞的活性增强，可调节免疫。豆豉也富含各种营养元素，多食豆豉有益人体健康。

·营养小贴士·

桂花红薯年糕甜汤

初级　　1 小时 30 分钟　　3 人

Q&A

桂花红薯年糕甜汤怎么做才鲜甜软糯？

红薯和山药都容易熟，但要煮出绵软的口感，就需要久煮；年糕必须煮软后再吃，口感才好；放入冰糖和糖桂花后，要多搅拌一会儿，使年糕再充分吸收桂花的香味和冰糖的甜味，那才叫真正的鲜甜软糯。

材料

枸杞 1 大勺、红薯 1 个、山药半根、年糕 1 块、清水 4 碗、糖桂花半碗

扫我做美食！

调料

冰糖 0.5 大勺

制作方法

1 枸杞浸泡 10 分钟，使其完全泡软。

2 将红薯去皮、洗净，切成 2cm 见方的块状，放入清水中浸泡。

3 山药去皮，切成 1cm 见方的块状；年糕切成 0.5cm 见方的小块。

4 锅中倒入 4 碗清水，放入红薯块、山药块，用大火煮开。

5 然后放入年糕块，转小火煮50 分钟。

6 最后，加入枸杞、糖桂花、冰糖，即可盛出食用。

抗老健脾 + 顺畅通便

山药补肾益精，还具有抗氧化的功效，可以延缓衰老。山药含有的淀粉酶等物质，有助于脾胃消化吸收，常吃可以健胃养脾；地瓜中的膳食纤维含量丰富，食用后可以促进肠道蠕动，有通便的作用。

·营养小贴士·

海带焖黄豆

中级　⏱ 30分钟　🍲 3人

补虚养生 + 祛脂降压

黄豆富含容易消化的植物蛋白，并含有多种氨基酸，是非常理想的食疗佳品；海带中的蛋白质、膳食纤维、矿物质等多种营养物质含量丰富，二者搭配有利尿、降压、补虚的养生功效。

·营养小贴士·

Q&A

海带焖黄豆怎么做才软烂入味？

海带和黄豆焖得越软烂越好，所以初步调味后，一定要盖上锅盖焖制，让海带和黄豆吸收猪肉和汤汁的香味，使口感更佳；海带还有一定盐分，因此调味时不应再加入太多盐，避免口味太重。

材料

干海带 1 张、黄豆半碗、葱白 1 段、姜 1 块、红椒 3 个、猪肉 1 块、香葱末 1 小勺

调料

油 1 大勺、生抽 1 大勺、盐 0.5 小勺

扫我做美食！

制作方法

1 干海带泡发、洗净，切成菱形片；黄豆提前浸泡一夜，洗净，备用。

2 葱白洗净，切成葱片；姜去皮，切片；红椒洗净，切圈。

3 猪肉洗净，切成小块，入滚水焯烫 5 分钟。

4 锅内倒油烧热，下入葱片、姜片，炒出香味。

5 放入猪肉块，翻炒入味，接着放入泡发的黄豆翻炒几下。

6 然后再放入海带片，翻炒均匀。

7 淋入生抽调味，继续炒匀。

8 加入开水，大火煮沸，转小火加盖焖 10 分钟，加盐调味。

9 汤汁剩余 1/3 时，撒入香葱末、红椒即可。

男人爱吃的
滋补菜

韭黄炒肉末、党参牛肉汤、虾爆鳝背……

温阳健脾、滋补肝肾，

让男人更加强壮，身体倍儿棒！

韭黄炒肉末

韭黄含有挥发性精油及硫化物等特殊成分，有助于疏调肝气、增进食欲，同时还具有补肾起阳的作用。

葱爆羊肉

初级　　30分钟　　3人

健脑提神 + 利尿排汗

大葱含烯丙基硫醚，与羊肉中的维生素 B_1 一起摄入，能更好地解除体虚乏力，有健脑提神的功效。大葱中还含有具刺激性气味的挥发油和辣素，可以轻微刺激相关腺体的分泌，从而起到利尿排汗的作用。

·营养小贴士·

Q&A
葱爆羊肉如何做出酒店级水准？

首先，羊肉片要切得厚薄适宜，并用调料提前拌匀入味；其次，葱要剥成松散片状，这样炒出来才有清脆感；再次，醋不要直接倒在肉上，要沿锅边淋入，使其加快挥发，这样既有淡淡的醋香，又不会过酸。

材料

羊后腿肉 1 块、洋葱半个、葱 3 根、蒜 6 瓣

扫我做美食！

调料

料酒 2 大勺、生抽 3 大勺、淀粉 3 小勺、油 5 大勺、盐 1 小勺、白糖 1 小勺、白醋 2 小勺、香油 1 小勺、水淀粉 3 大勺

制作方法

> 薄羊肉片更易入味，且容易爆香

1 羊后腿肉在清水中洗净，捞出、沥干水分。

2 羊肉切成约 0.5cm 厚的片。

3 羊肉片用料酒、生抽、淀粉抓拌，腌制 15 分钟。

4 洋葱洗净，切丝，备用。

> 剥开葱片便于受热均匀

5 葱洗净，用刀把葱白切成滚刀块，再用手把每层葱片一一剥开。

6 炒锅中倒入油，烧热后倒入腌好的羊肉片，爆炒 1 分钟后盛出。

7 锅中留底油，烧热后倒入洋葱丝、葱片、蒜瓣煸香。

8 倒入炒过的羊肉片，翻炒均匀后，调入盐、白糖、白醋、香油。

9 所有材料煸炒约 2 分钟后，用水淀粉勾薄芡，大火再煸炒约 30 秒即可。

韭黄炒肉末

初级　⏱ 25分钟　🍚 2人

Q&A

韭黄炒肉末怎么做才鲜嫩入味？

将里脊肉末和姜末翻炒出香味后，再放入小红辣椒和韭黄，肉香味能更好地融入韭黄中，吃起来更鲜香。另外，韭黄易熟，不可翻炒过长时间。

材料

小红辣椒 1 个、姜 1 块、韭黄 1 把、里脊肉 1 块

调料

油 1 大勺、老抽 1 小勺、蚝油 1 大勺、盐 0.5 小勺、香油 1 小勺

扫我做美食！

制作方法

1 小红辣椒洗净，切圈；姜去皮、洗净，切末，备用。

2 韭黄洗净，切段；里脊肉洗净，切末，备用。

3 锅烧热，倒入 1 大勺油，依次加姜末、肉末炒出香味。

4 加老抽、蚝油、盐调味，炒至上色。

5 接着，放入小红辣椒、韭黄，翻炒均匀。

6 最后，淋入香油，鲜香美味的韭黄炒肉末就做好了。

补肾起阳 + 增进食欲

韭黄性温味辛，具有补肾起阳的作用，故可用于治疗阳痿、遗精、早泄等病症。韭黄含有挥发性精油及硫化物等特殊成分，散发出一种独特的辛香气味，有助于疏调肝气、增进食欲、增强消化功能。

·营养小贴士·

69

香菇山药炒肉片

中级　⏱ 35分钟　🥢 2人

滋肾益精 + 降胆固醇

山药含有多种营养素，有强健机体、滋肾益精的作用；几乎不含脂肪，而且所含的黏蛋白能预防心血管系统的脂肪沉积，防止动脉硬化；含有皂苷，能够降低胆固醇。

·营养小贴士·

Q&A
香菇山药炒肉片怎么做才滑嫩美味?

山药去皮后放入水中浸泡时，可在水中加点儿白醋，这样山药就不易变黑了。另外，肉片炒至变色后盛出，再和其他食材混合翻炒，这样才能保证其口感嫩滑不老。

材料

山药 1 根、香菇 3 朵、葱 1 段、姜 1 块、青椒 1 个、红椒 1 个、里脊肉 1 块

腌料

料酒 1 大勺、生抽 1 大勺、白糖 1 小勺、淀粉 1 大勺

扫我做美食!

调料

油 2 大勺、生抽 1 大勺、白糖 1 小勺、盐 1 小勺、香油 1 小勺

制作方法

1 山药去皮、洗净，切片，放入清水中浸泡片刻。

2 香菇去蒂、洗净，切片，入沸水焯烫 2 分钟，捞出沥干。

3 葱洗净，切葱花;姜去皮、洗净，切末;青红椒洗净，切菱形块。

4 里脊肉洗净，切片，放入碗中。

5 接着，加入腌料抓匀，腌制片刻。

6 锅中倒入 2 大勺油，烧热后爆香葱姜，再倒入肉片，炒至变色后盛出。

7 锅中留底油，烧热后依次放入山药、香菇和青红椒。

8 调入生抽、白糖、盐和清水，翻炒片刻。

9 最后，放入肉片，翻炒均匀，淋入香油，即可出锅。

龙眼肉粥

初级　⏱ 50分钟　🍚 2人

Q&A
龙眼肉粥怎么做才香糯有营养？

选购龙眼时，最好挑选表皮呈土黄色，摸起来较为饱满、硬实的，不要挑选金黄色或摸起来较软的。另外，枸杞需泡发后再放入锅中煮制，这样更加软糯适口。

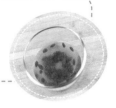

扫我做美食！

（材）料

龙眼 6 个、红枣 6 颗、枸杞 1 大勺、大米半碗

（调）料

白糖 1 大勺

 制作方法

1 龙眼去壳、取肉，洗净，备用。

2 红枣洗净，备用。

3 枸杞放入清水中泡发，捞出。

4 大米淘洗干净，放入煮锅中。

5 然后依次放入龙眼、红枣和枸杞，倒入清水，煮熟。

6 最后，调入白糖，搅拌均匀，一碗热乎乎的龙眼肉粥就做好了。

消除疲劳 + 健脾养心

龙眼富含葡萄糖、蔗糖、蛋白质、维生素、铁、钙等，可健脾养心、补血安神，治心脾两虚、阳痿早泄、唇甲色淡、心悸怔忡、失眠健忘、神疲乏力等症；而红枣有助于增强肌力、消除疲劳。

·营养小贴士·

油泼秋葵

初级　🕐 25分钟　🍚 2人

Q&A
油泼秋葵怎么做才爽口鲜香？

焯烫秋葵时放入少许油，可使秋葵色泽鲜亮；另外，秋葵焯至颜色翠绿即可捞出，然后立即放入冰水中过凉，切忌长时间焯煮，以免失去清脆的口感。

材料
秋葵 8 个、葱白 1 段、干辣椒 3 个

调料
油 1.5 大勺、蚝油 1 大勺、米醋 1 大勺、香油 1 小勺、花椒 1 小勺

扫我做美食！

制作方法

焯烫时放少许油，可保持食材鲜亮

1 秋葵去蒂、洗净，放入沸水中，加少许油，焯烫 1 分钟。

2 秋葵捞出后立即放入冰水中过凉，对半切开，装盘。

3 葱白、干辣椒分别洗净，切丝，均匀地撒在秋葵上。

4 小碗中依次放入蚝油、米醋、香油，调匀成料汁，备用。

5 锅中倒入 1 大勺油，烧热后放入花椒，炸香。

6 将炸好的花椒油趁热浇在秋葵上，再浇上调好的料汁，拌匀后即可食用。

有助消化 + 强肾补虚

秋葵富含锌和硒等微量元素，对增强人体防癌抗癌能力很有帮助，同时可促进胃肠蠕动，帮助消化。另外，秋葵又叫羊角豆，具有补肾功效，非常适合男性朋友食用。

·营养小贴士·

猪肉末酿豆腐

中级　⏱ 30分钟　🍚 2人

补虚养身 + 强化筋骨

豆腐和猪肉都含有人体必需的铁、钙等多种微量元素，以及丰富的优质蛋白。豆腐被称为"植物肉"，一块豆腐即可满足一个人一天所需钙量；猪肉则可提供血红素和促进铁吸收的半胱氨酸，改善缺铁性贫血。

·营养小贴士·

Q&A

猪肉末酿豆腐怎么做才鲜香入味?

制作豆腐酿肉最好选用口感比较老韧的北豆腐,在挖制凹槽和煎制的过程中不易破碎,并应轻拿轻放,尤其是翻面煎制的时候,可以用锅铲托住底部,并压住表面再慢慢翻转过来,防止肉馅掉出。

材料

北豆腐 1 块、鲜香菇 4 朵、红甜椒半个、绿甜椒半个、葱 1 段、姜 1 块、蒜 3 瓣、鸡蛋 1 个、猪肉馅 1 碗、香葱花 1 大勺

调料

淀粉 1 大勺、料酒 1.5 大勺、盐 2 小勺、白胡椒粉 1 小勺、水淀粉 2 大勺、油 3 大勺、酱油 1 小勺、清水 2 大勺、番茄酱 1 大勺

扫我做美食!

制作方法

1 北豆腐洗净,切成 4 cm 宽、2cm 厚的块状,在豆腐块上挖出深至 2/3 处的凹槽。

2 鲜香菇洗净,切末;红绿甜椒洗净,切丁;葱、姜、蒜洗净,切末;鸡蛋打散成蛋液。

3 猪肉馅中放入淀粉、香菇末和一半的葱姜末,倒入蛋液。

4 再加入料酒和 1 小勺盐、白胡椒粉,朝同一方向搅拌均匀,搅打上劲。

5 将调好的肉馅装入豆腐挖好的凹槽内,在上面均匀淋上一层水淀粉。

6 煎锅中放油,大火烧至七成热,放入豆腐,转成小火,煎至两面金黄,捞出滗油。

7 将酱油、剩余盐、1 大勺料酒、2 大勺清水混合,调和成调味汁。

8 锅中留底油,煸香蒜末和剩余的葱姜末,倒入调味汁,中火煮沸。

9 放入豆腐,撒上红绿甜椒,煮至调味汁收干,均匀淋入水淀粉和番茄酱调成的酱汁,撒上香葱花即可。

蒜蓉银丝蒸虾

🍲 中级　⏱ 30分钟　🍜 2人

保持精力 + 养身健脑

虾中富含镁元素，对心脏活动具有重要的调节作用，能有效地保护心血管系统。此外，海虾还是健脑的绝佳食材，能使人长时间集中精力，提高工作、学习效率。

·营养小贴士·

Q&A
鲜虾要怎么蒸才更鲜嫩入味？

做蒜蓉蒸虾时，要先将虾背切开，用刀背敲打虾肉，使其松软，目的是使鲜虾更入味，并让蒜味遮掉虾腥味，以引出鲜虾的香味。鲜虾极易蒸熟，入锅蒸的时间不能太久，否则蒸出的虾肉口感较差。

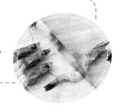

材料
鲜虾4只、豆腐1块、粉丝1把、红椒2个、干豆豉2大勺、香葱1根、姜1块、蒜10瓣

调料
盐2小勺、油2大勺、生抽1大勺、蚝油1大勺、米酒1大勺、清水1大勺、白糖0.5小勺、香油1小勺

扫我做美食！

制作方法

① 鲜虾洗净，剪去长须及虾脚，用刀在虾背由头纵剖至虾尾处，挑出肠泥。

② 将虾背切开，并用刀背敲打虾肉，使其松软。

③ 豆腐切薄片；粉丝泡发；红椒切末；干豆豉切碎；香葱、姜、蒜去皮，切末。

盐水焯烫过的豆腐片不容易碎，而且口感更佳

④ 锅中倒入半锅冷水，加1小勺盐，下入豆腐片，煮至浮起，关火、捞出，备用。

⑤ 将豆腐片平铺在盘底，豆腐上铺粉丝。

⑥ 锅中加2大勺油，下入红椒和葱姜蒜、干豆豉，加盐、生抽、蚝油、米酒、清水、白糖炒香，制成豆豉料。

⑦ 把处理好的鲜虾并列平铺在粉丝上，拨开鲜虾背部，淋入炒好的豆豉料。

⑧ 蒸锅加水，开锅后放入蒸盘，大火蒸约10分钟，取出，撒上葱末。

⑨ 最后，淋上1小勺香油，这道菜就大功告成了。

党参牛肉汤

中级 ⏱ 1小时30分钟 🍲 4人

补中益气 + 强健筋骨

牛肉含有维生素 B_6，可以促进蛋白质的代谢与合成；维生素 B_6 还可以与牛肉中的锌结合，提高人体的免疫力。牛肉中锌、镁、铁含量较高，有助于人体造血功能，锌还是一种促进生长发育和肌肉生长的重要元素。

·营养小贴士·

Q&A

党参牛肉汤怎么做才软烂有营养？

牛肉略腥，要预先放入冷水中加热，使其中的血水和腥味释放，若是直接放入开水中焯烫，反而不容易将腥味去除干净；胡萝卜中的胡萝卜素是脂溶性营养素，与牛肉中的动物性油脂结合，更容易被人体吸收。

材料

葱白 1 段、姜 1 块、香葱 1 根、白萝卜 1 块、胡萝卜半根、党参 1 根、当归 2 片、干红枣 5 颗、牛肉 1 块 (200g)、清水 4 碗、枸杞 1 大勺

扫我做美食！

调料

料酒 1 大勺、盐 1 小勺、白糖 1 小勺、胡椒粉 0.5 小勺

制作方法

1 葱白洗净，切段；姜洗净，切片；香葱洗净，切成葱花，备用。

2 白萝卜和胡萝卜均去皮、洗净，切成滚刀块，备用。

3 党参、当归、干红枣浸泡 1 小时，洗净，备用。

4 牛肉洗净、浥干，切成 2cm 见方的小块。

5 牛肉块焯水，捞出，浥干水分。

6 将处理好的牛肉块、党参、当归、干红枣、姜放入砂锅中。

7 倒入清水，放入葱段、姜片，加料酒，小火炖 1 小时。

8 然后加入枸杞、白萝卜、胡萝卜，转中火煮 10 分钟。

9 加入盐、白糖、胡椒粉调味，撒上葱花，即可盛出。

香菇板栗

初级　　35分钟　　2人

Q&A

香菇板栗怎么炒才滑嫩香弹?

炒香菇板栗时，用水淀粉勾薄芡，可使栗子和香菇香滑可口，香菇也更加软弹细腻，口感绝佳；而淋上少许香油，更为这道菜增添了独特风味。另外，将栗子横切一刀，大火煮至壳裂，更容易去壳。

材料

香菇 6 朵、青椒 1 个、红椒 1 个、栗子 15 个

调料

油 1 大勺、盐 1 小勺、白糖 1 小勺、生抽 1 大勺、料酒 1 大勺、水淀粉 1 大勺、香油 1 小勺

扫我做美食！

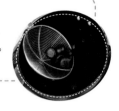

制作方法

1 香菇洗净，切片；青红椒洗净，切菱形片，备用。

2 将栗子横切一刀，放入沸水中，大火煮至壳裂，捞出放凉，剥去外壳。

3 炒锅大火烧热，倒入 1 大勺油，依次下栗子、香菇和青红椒，转中火煸炒约 1 分钟，加盐和白糖调味。

4 倒入生抽、料酒以及清水，盖上锅盖，大火炖煮约 20 分钟。

5 栗子熟透后，掀开锅盖，用水淀粉勾薄芡，顺时针缓慢淋入锅中。

6 淋入香油，炒匀，即可盛入盘中食用。

延缓衰老 + 增强免疫

香菇含有多种维生素、矿物质，能促进新陈代谢，提高人体适应力；其含有的维生素 B 群，对于维持人体循环、消化等正常生理功能有重要的作用。

·营养小贴士·

蒜香西兰花

Q&A
西兰花怎么炒口感更脆、营养更丰富？

西兰花属耐炒类蔬菜，炒之前先焯烫一下，这样可以减少拌炒的时间，防止营养流失。焯水时加入食用油及盐，可以使焯烫过的西兰花色泽更鲜亮，放入冷水过凉，西兰花口感会更加爽脆。

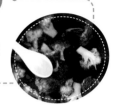

材料
西兰花 1 棵、蒜 3 瓣、枸杞 10 粒

茨汁料
盐 1 小勺、水淀粉 2 大勺

调料
盐 2 小勺、油 2 大勺、香油 1 小勺

扫我做美食！

制作方法

淡盐水
杀菌、驱虫

1 西兰花掰成小朵、洗净；碗中加 1 小勺盐，放入西兰花浸泡 10 分钟。

2 蒜洗净、拍扁、去皮，切末；枸杞泡水，备用。

3 锅中加水，大火煮沸后，加入少许油、盐，再倒入西兰花焯水，使其颜色翠绿。

4 焯水 1 分钟后，捞出西兰花，放入冷水中浸泡 1 分钟，滗干、备用。

5 炒锅用中火烧热，加油，倒入一半蒜末爆香，再倒入西兰花，翻炒后加茨汁料勾茨。

6 最后，撒入其余蒜末及枸杞，淋上香油即可。

健脾和胃 + 补肾填精

西兰花的维生素 C 含量明显高于其他普通蔬菜，其抗氧化、增强抵抗力的效用明显。而且西兰花中的维生素种类非常齐全，尤其是叶酸的含量最为丰富，对人体生长发育有极好的作用。

•营养小贴士•

八宝菠菜

初级　⊕ 20分钟　🥢 3人

促进发育 + 延缓衰老

菠菜富含类胡萝卜素、维生素C、维生素K、矿物质等多种营养素，有"营养模范生"之称，可促进生长发育，增强抗病能力，亦可促进人体新陈代谢，延缓衰老。

·营养小贴士·

Q&A
八宝菠菜怎么做才色鲜味爽？

八宝菠菜主要在于食材的选择，加入胡萝卜、杏仁等，颜色鲜艳丰富，且营养丰盛。关键环节在于焯水，要将菠菜焯熟而不烂，香菇、胡萝卜、冬笋切丝、焯熟后，与腰果、杏仁、核桃等拌匀，软中有脆，十分爽口。

材料

葱1根、姜1块、菠菜1把、胡萝卜半根、冬笋半块、香菇2个、火腿肠1根、杏仁5颗、腰果8颗、核桃仁10颗、海米半碗

扫我做美食！

调料

盐2小勺、油1大勺、料酒1小勺、香油2小勺

制作方法

1 葱、姜去皮、洗净，切丝；菠菜去根、洗净，切段，放入加盐的沸水中焯烫至熟，挤干水，装入器皿。

2 胡萝卜去皮、洗净，切丝；冬笋洗净，切丝；香菇去蒂、洗净，切丝；火腿肠切丝。

3 胡萝卜丝、冬笋丝和香菇丝均放入沸水中焯烫至熟，捞出沥干。

4 杏仁、腰果、核桃放入沸水中焯烫，然后过凉，沥干水；海米洗净，沥干。

5 锅中倒入1大勺油，放入葱姜丝、火腿肠、海米、料酒煸炒均匀，盛入装菠菜的器皿中。

6 器皿中放入香菇丝、冬笋丝、胡萝卜丝、杏仁、腰果、核桃，加盐、香油拌匀，装盘即可。

豆豉蒸排骨

Q&A

选择排骨有什么小窍门？

蒸排骨最好选用猪肋排，这个部位肉较多，也比较容易入味。大骨和腔骨更适合炖汤。将猪肋排切成小块，过凉水，可使肉质更紧。

材料

猪肋排2根、蒜10瓣、姜1块、葱白1根、小红辣椒4个、豆豉2大勺

调料

油2大勺、淀粉1小勺、料酒1大勺、生抽1大勺、白糖1小勺、盐0.5小勺、蚝油1大勺

扫我做美食！

制作方法

1 猪肋排洗净，用刀剁成4cm长、3cm宽的小块，放入冷水中浸泡。

2 蒜洗净，切末；姜洗净，切丝；葱白洗净，切丝。

3 小红辣椒洗净，切成斜段；豆豉洗净，切碎。

4 锅中加油，中火烧至五成热，下蒜末、姜丝，蒜末炒黄后，再下入豆豉，小火炒1分钟。

5 排骨碗中加小红辣椒和所有调料，腌制20分钟，然后放入豆豉料，搅拌均匀。

6 蒸锅中加水烧开，冒出蒸汽后，放入腌好的排骨，大火蒸40分钟后关火，焖2分钟，撒上葱丝即可。

壮骨养血+益精壮阳

排骨含有丰富的卵磷脂、骨粘蛋白和骨胶原，其中胶原蛋白可疏通微循环，从而改善老化症状，起到抗衰老作用；老年人常食排骨可预防骨质疏松，特别是在秋冬季节，多食用排骨，有良好的滋补功效。

·营养小贴士·

日式牡蛎味噌汤

中级　⏱ 30分钟　🍜 3人

Q&A 日式牡蛎味噌汤怎么做才鲜香爽口？

味噌有甜、咸两种口味，白味噌煮出的汤偏甜，口味清淡，红味噌偏咸，应区分使用；味噌中有杂质，下锅前应用滤网过滤，再放入锅中调味。海带中含盐量较高，加完味噌后，尝一下汤的咸度，以清淡适口为宜。

材料

干海带 1 片、香葱 1 根、内酯豆腐 1 块、鲜牡蛎肉 1 碗、清水 4 碗、柴鱼片半碗

调料

味噌 1.5 大勺、白糖 2 小勺、味淋 1 大勺

扫我做美食！

制作方法

1 干海带放入温水中浸泡 20 分钟，洗净泥沙、沥干，切成菱形片，放入滚水中焯烫，以彻底去除泥沙。

2 香葱洗净，切成葱花；内酯豆腐洗净，切小方块；鲜牡蛎肉洗净，备用。

3 锅中加 4 碗清水，放入柴鱼片，大火煮沸，熬出鲜味后，滤去柴鱼片，汤水留用。

4 然后放入海带片、豆腐块，中火煮至海带变软，煮出鲜味。

5 再放入鲜牡蛎肉，煮至牡蛎肉成熟，继续煮滚。

6 将味噌倒入汤中，搅拌均匀，加白糖、味淋调味，煮半分钟，撒入葱花即可。

改善便秘 + 降胆固醇

味噌富含蛋白质、烟酸、维生素 B_1 和铁、钙、锌等营养素。研究证明，常吃味噌能预防胃肠道疾病，还可降低血中的胆固醇，抑制体内脂肪积聚，有改善便秘，预防高血压、糖尿病的作用。

·营养小贴士·

虾爆鳝背

中级　　40分钟　　2人

补气养血 + 滋补肝肾

黄鳝肉味甘性温，有补中益血、治虚损之功效，还有温阳健脾、滋补肝肾、祛风通络等医疗保健功能。虾肉含有丰富的钾、镁、磷等矿物质及维生素A、氨茶碱等，营养价值很高。

·营养小贴士·

Q&A

虾爆鳝背怎么做才外脆里嫩？

黄鳝切好后需首先用盐、黄酒等腌制，这样才会更入味。另外，黄鳝裹上面粉和生粉调成的糊后再炸制，会更酥脆；且需炸两遍，先炸至外表起壳，捞出后复炸至金黄，吃起来才外酥里嫩。

 材料

香葱 1 根、虾仁 10 个、黄鳝 1 条、蒜 3 瓣

扫我做美食！

 调料

盐 1 小勺、黄酒 2 大勺、葱姜汁 1 大勺、面粉 1 大勺、生粉 2 大勺、油 1 碗、香油 1 小勺

汤汁料

生抽 1 大勺、白糖 1 大勺、白胡椒粉 1 小勺、黄酒 1 大勺、醋 1 大勺

制作方法

1 香葱切葱花；蒜切末；虾仁洗净，挑去虾线；黄鳝洗净，斜切成片。

2 在切好的黄鳝中加盐、黄酒、葱姜汁，腌制入味。

3 将面粉和生粉调成糊状，放入黄鳝中，用手抓匀。

4 锅中倒油，烧至七成热，放入黄鳝，炸至外表起壳后捞出。

5 待油温烧至八成热，放入黄鳝复炸至金黄，捞出滗油。

6 锅中留底油，烧热后，放入虾仁，迅速滑熟，捞出。

7 净锅，倒入 1 大勺油，烧热后，放入蒜末爆香。

8 加入所有汤汁料，烧开后用生粉勾芡，淋香油，制成汤汁。

9 最后，将汤汁淋在黄鳝上，放虾仁，撒葱花，即可食用。

老人爱吃的
健康菜

香浓核桃炖蛋、酥炸黄花鱼、蒜苗炒猪腰……

益气填精、延缓衰老，

让老人健康每一天！

蒜苗炒猪腰

猪腰富含蛋白质、维生素等，具有补肾气、消积滞等功效，可用于治疗肾虚腰痛、水肿、耳聋等症。

洋葱拌木耳

初级　　10分钟　　2人

Q&A

洋葱拌木耳怎样做更脆口、更好吃?

木耳不宜过度泡发,泡发后要撕去硬蒂,否则会严重影响菜肴的口感。
洋葱直接凉拌辛辣味太重,最好先焯烫一下以减少辛辣味,这样不仅不容易变色,而且看起来也更有食欲。

材料

干黑木耳半碗、白洋葱1个、红椒半个、黄椒半个、蒜末1大勺、花椒20粒

调料

盐1小勺、生抽0.5大勺、白糖1小勺、白醋3小勺、油5大勺

扫我做美食!

制作方法

若觉洋葱辛辣,可放入滚水略微焯烫

1 干黑木耳用温水泡发,撕出小朵,去除硬蒂,滚水焯烫后,捞出、过凉、滗干。

2 菜刀浸入冷水2分钟,再将白洋葱切片;接着将洋葱片入滚水焯烫20秒,捞出滗干。

3 彩椒洗净、去蒂,切成菱形小片。

4 将盐、生抽、白糖、白醋、蒜末混合拌匀,兑成调味汁。

5 锅中加5大勺油,中火烧至四成热后,转小火煸香花椒,做成花椒油。

6 将黑木耳、洋葱、彩椒片一起放入盘中,拌入调味汁后,淋上热花椒油,即可食用。

强化免疫 + 防癌抗老

洋葱除含一般营养素外,还含有具有杀菌、降脂、降压等作用的活性物质。其中的蒜素及多种含硫化合物在短时间内可杀死多种细菌;生物活性成分还能促进肾脏排钠,起到利尿作用。

•营养小贴士•

肉末芹菜

初级　⏱ 40 分钟　🍽 2 人

Q&A
肉末芹菜怎么做更入味？

这道菜中加入了较多的酱油，色重味香，可依据个人口味酌量加盐；肉馅最好用新鲜的，炒出来后才香气十足。另外，肉末炒至变色后再放入芹菜，此时肉香裹着翠绿的芹菜，再加水烧至入味，鲜美可口。

材料
葱1段、香芹1把、红椒1个、肉馅半碗

腌料
酱油1大勺、料酒1大勺、淀粉1大勺、盐0.5小勺

调料
油1大勺、盐0.5小勺

扫我做美食！

制作方法

1 葱洗净，切葱花；香芹洗净，切小丁；红椒洗净，去蒂、籽，切丁，备用。

2 肉馅中加入腌料，腌制20分钟。

3 锅中倒入1大勺油，烧热后放入葱花爆香。

4 放入肉末，待肉末炒至变色时，放入芹菜。

5 拌炒均匀至入味。

6 最后，放入红椒，翻炒片刻后，加盐调味，即可出锅。

降压降脂 + 防癌抗癌

香芹的黄酮提取物对血脂具有调节作用，可降压降脂。研究表明，芹菜中提取的芹菜素可有效抑制多种癌细胞的增长，如人体的前列腺癌细胞、卵巢癌细胞、乳腺癌细胞、胃癌细胞等。

·营养小贴士·

蒜香茄子

初级 　25分钟　1人

Q&A
蒜香茄子怎么做才蒜香诱人？

茄子去蒂、洗净后，先入锅蒸制，可减少营养流失；另外，最后淋油时，油温一定要高，这样淋在蒜末上会有吱吱的响声，逼出蒜香味儿。

材料

蒜 3 瓣、香葱 1 根、茄子 2 个

调料

生抽 1 大勺、白糖 1 小勺、盐 1 小勺、高汤 1 大勺、油 1 大勺

扫我做美食！

 制作方法

1 蒜去皮、洗净，切末；香葱洗净，切葱花。

2 茄子去蒂、洗净，入蒸锅蒸约 15 分钟。

3 取出后，用刀划开成条状。

4 小碗中加入生抽、白糖、盐、高汤，调成料汁。

5 将料汁淋在茄子上，撒上葱花、蒜末。

6 锅中倒入 1 大勺油，烧热后，浇在茄子上，即可食用。

降低血压 + 降胆固醇

茄子富含维生素 P，有软化血管的作用，可降血压。另外，茄子还含有葫芦巴碱及胆碱，在小肠内能与过多的胆固醇结合，排出体外，以保身体血液循环正常，降低胆固醇。

·营养小贴士·

香浓核桃炖蛋

初级　　20分钟　　1人

Q&A

香浓核桃炖蛋怎么做才香糯可口？

蒸蛋时蛋液和水的比例基本上保持在1:2，这样蒸出来的蛋羹软嫩刚好；蛋液中可加入黄酒，这样蒸出来后更加香醇。另外，红糖可依个人喜好酌量添加。

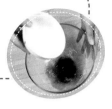

材料

核桃4个、枸杞1小勺、鸡蛋2个

扫我做美食！

调料

黄酒1大勺、红糖1大勺、蜂蜜1大勺

制作方法

水量是鸡蛋液的2倍

1 核桃去壳取肉，用刀轻轻拍成碎末；枸杞放入清水中泡发，捞出，备用。

2 鸡蛋去壳，打散在碗中，加入黄酒，搅拌均匀，备用。

3 红糖中加入清水，搅拌均匀。

4 蛋液过筛，倒入红糖水中，再加入核桃末、枸杞，充分混合均匀。

5 盖上保鲜膜，放入蒸锅内，大火烧开后再蒸10分钟。

6 蒸好后取出，淋上蜂蜜，即可食用。

温肺定喘 + 延缓衰老

核桃营养价值丰富，有"万岁子""长寿果"的美誉，可减少肠道对胆固醇的吸收，对动脉硬化、高血压和冠心病人有益。另外，核桃有温肺定喘和防止细胞老化的功效，还能有效地改善记忆力。

·营养小贴士·

花生炖猪蹄

中级　　2小时　　3人

Q&A

花生炖猪蹄怎么做才软烂、有营养？

花生需提前在清水中浸泡半天再煮，这样易熟；另外，花生上的红皮有补虚的功效，所以千万不要剥掉红皮。猪蹄放入冷水中焯熟，可去除腥味。

材料
花生米半碗、枸杞1大勺、葱1段、姜1块、香菜2根、猪蹄1只

调料
绍酒1大勺、盐1小勺

扫我做美食！

制作方法

1 花生米、枸杞洗净，分别放入清水中浸泡，捞出滗干，备用。

2 葱洗净，切段；姜去皮、洗净，切片；香菜洗净，切段，备用。

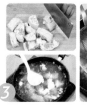

3 猪蹄洗净，剁成小块，放入冷水锅中焯熟，撇去血沫，捞出洗净，备用。

4 锅中倒入清水，大火烧开后放入葱姜和焯好的猪蹄。

5 再次烧开后调入绍酒，转小火炖1小时后加入花生米，继续炖30分钟。

6 最后，加盐调味，撒入枸杞、香菜，软烂鲜美的花生炖猪蹄就做好了。

降胆固醇 + 强健腰腿

花生中含有亚油酸，可避免胆固醇在体内沉积，减少心脑血管疾病的发生率。猪蹄含有丰富的胶原蛋白，对老年人神经衰弱有良好的治疗作用；猪蹄还有补血、润滑肌肤、强健腰腿的功效，非常适合老年人食用。

•营养小贴士•

红薯燕麦小煎饼

中级 · 35分钟 · 2人

Q&A
红薯燕麦小煎饼怎么做才香甜酥脆？

做红薯燕麦小煎饼时，红薯泥中加入适量的面粉（或糯米粉），可以增加黏性；另外，往红薯面团中加水时，一次不可加过多，需边揉边加水，直至将面团揉至光滑。

材料
红薯1个、燕麦片2大勺、面粉1碗

调料
白糖2大勺、油2大勺

扫我做美食！

制作方法

亦可加入糯米粉

1 红薯去皮、洗净，切片，放入蒸锅中蒸熟，晾凉，备用。

2 接着，加入燕麦片、白糖，压烂成红薯泥后，加入面粉。

3 缓缓倒入少许清水，边揉边加水，直至揉成光滑的面团。

4 将面团揉搓成长条，切成大小均匀的剂子，搓圆后按成小饼。

5 然后用牙签在饼坯上压出花纹，再用筷子顶端在正中间按压一下。

6 在平底锅上刷上一层薄油，烧热后放入饼坯，小火煎至两面金黄，即可盛出食用。

健脾补虚 + 治疗便秘

红薯富含淀粉、维生素、纤维素等人体必需的营养成分，能保持血管弹性，对防治老年人习惯性便秘十分有效。同时红薯有补虚乏、益气力、健脾胃、强肾阴的功效，可使人长寿少疾。

·营养小贴士·

腊肉炖鳝片

中级　30分钟　2人

Q&A

腊肉炖鳝片怎么做才鲜香四溢？

首先要选择新鲜的鳝鱼，处理时要注意去除其内脏和黏液，清洗干净，否则吃起来会有很重的腥味。在炒制过程中烹入料酒、高汤等，不仅可以去除鳝鱼的腥气，还可使整道菜的香味更加浓郁，增加鲜香的口感。

材料

腊肉 1 块（约 200g）、鳝鱼 1 条、红尖椒 1 个、葱 1 段、姜 1 块、蒜 2 瓣、香葱 1 根

调料

油 2 大勺、料酒 1 大勺、高汤 1 碗、盐 1 小勺、酱油 1 大勺、胡椒粉 1 小勺

扫我做美食！

制作方法

1 腊肉洗净，切片；鳝鱼去内脏，洗净，切成约 4cm 长的片；红尖椒洗净，切圈。

2 葱洗净，切片；姜去皮、洗净，切片；蒜去皮、洗净，切末；香葱洗净，切葱花，备用。

3 锅中倒入适量水，放入鳝鱼片，焯烫成熟后捞出、过凉，备用。

4 锅中倒入 2 大勺油,烧至六成热时，放入腊肉，煸炒出油。

5 加入葱姜片、蒜末、红尖椒圈、鳝鱼片，烹入料酒，煸炒约 2 分钟。

6 倒入高汤，加入盐、酱油、胡椒粉调味，中火焖制约 15 分钟，待汤汁略微收干，撒上香葱花，即可出锅。

补中益血 + 强健筋骨

黄鳝富含蛋白质、脂肪、钙、磷、铁、核黄素等，有"小暑黄鳝赛人参"之说，具有补中益血、治虚损、强筋骨、祛风湿之功效，民间用以入药，可治疗虚劳咳嗽、湿热身痒、痔瘘、肠风痔漏、耳聋等症。

·营养小贴士·

雪菜大汤黄鱼

中级　🕐 40分钟　🍲 3人

醒脑提神 + 滋补养生

雪里蕻含有大量的抗坏血酸，是活性很强的还原物质，能激发大脑对氧的利用，有醒脑提神、解除疲劳的作用。黄鱼肉中含有多种维生素、微量元素和高蛋白，所以对人体有很大的滋补作用。

·营养小贴士·

110

Q&A

雪菜大汤黄鱼怎么做更咸鲜入味？

黄鱼处理干净后，在鱼身两侧切花刀，更容易入味；黄鱼放入锅内煎制时，先不要急于晃动，否则会破坏鱼皮的完整。另外，腌雪里蕻已经具有咸味，汤中调入1小勺盐即可，以免太咸。

材料

姜1块、香葱3根、葱1段、冬笋1块、腌雪里蕻1棵、黄鱼1条

调料

油2大勺、黄酒1大勺、盐1小勺、熟猪油1大勺

扫我做美食！

制作方法

1 姜去皮、洗净，切片；香葱洗净，打成结；葱洗净，切段，备用。

2 冬笋洗净，切片；腌雪里蕻洗净，切碎；黄鱼处理干净，在鱼身两侧切花刀。

3 锅中倒入2大勺油，烧至七成热时，放入姜片煸香。

4 接着放入黄鱼，两面煎至略黄。

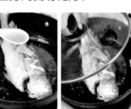

5 烹入黄酒，盖上锅盖，焖烧片刻。

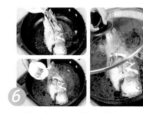

6 倒入沸水，放入葱结，盖上锅盖，转中火焖烧约8分钟。

7 拣去葱姜，调入盐，再放入笋片、腌雪里蕻末。

8 加熟猪油，转大火烧沸。

9 待汤汁烧至呈乳白色时，撒上葱段，即可盛出。

酥炸黄花鱼

初级　1小时 30分钟　2人

Q&A

酥炸黄花鱼怎么炸才外脆里嫩？

炸黄花鱼前，需先用盐、料酒等腌制1小时，不仅能够去除鱼腥味，使黄花鱼入味，还可使肉质鲜嫩；炸黄花鱼时，将鱼身裹上一层炸鸡粉，小火慢炸，大火复炸，口感又香又脆。

材料

葱1根、姜1块、小黄花鱼8条

调料

盐1小勺、料酒1大勺、白胡椒粉1小勺、炸鸡粉2大勺、油1碗

扫我做美食！

制作方法

1. 葱洗净，切段；姜洗净，切丝，备用。

2. 小黄花鱼去内脏、鳃和鳍，洗净，控干水分。

3. 用盐、料酒、白胡椒粉和葱段、姜丝将小黄花鱼腌制1小时。

4. 将腌好的小黄花鱼裹上一层薄薄的炸鸡粉。

5. 锅中倒油，烧至七成熟时，改小火，逐条放入小黄花鱼，慢慢炸熟，捞出控油。

6. 调回大火，待油温升高，放进炸好的小黄花鱼，复炸至鱼身金黄，出锅盛盘即可。

养肝明目 + 补中益气

黄花鱼含有丰富的蛋白质、矿物质、维生素以及微量元素硒，能够延缓衰老，防治各种癌症，有健脾养胃、安神止痢、益气填精的功效，适合食欲不振、两目干涩、肝肾不足、女子产后体虚者食用。

·营养小贴士·

水晶虾饺

中级　1小时　2人

Q&A

水晶虾饺怎么做才清鲜美味？

只有用澄粉做出的虾饺皮才会透明；做虾饺的馅料也应选用清鲜的食材，避免过度调味；馅料要放在面皮中央，避免边缘沾油而收口不紧。

扫我做美食！

材料

五花肉 1 块、鲜虾仁 1 碗、鸡蛋 1 个、胡萝卜半根、青豆 1 大勺、葱 1 段、姜 1 块、玉米粒 1 大勺、干酵母 1 袋、澄粉 1 碗

调料

盐 2 小勺、白胡椒粉 1 大勺、料酒 1 大勺、香油 2 大勺、油 2 大勺

制作方法

1 五花肉洗净，切末；鲜虾仁剔除肠泥、洗净，切末。

2 肉末和虾末加入蛋清、盐、白胡椒粉、料酒、香油，搅匀，腌制 30 分钟。

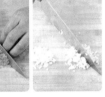

3 胡萝卜去皮，切末；青豆浸泡 5 分钟，洗净；葱、姜均去皮，切末。

4 将馅搅打上劲，放入玉米粒、胡萝卜末、青豆、葱末，淋入香油、油，搅拌成馅料。

5 面粉、干酵母中加入清水，和成面团发酵 2 小时后，加入澄粉，擀出水晶面皮。

6 面皮中放入馅料，包成虾饺后饧 10 分钟，然后放入蒸锅，大火蒸 15 分钟即可。

调节心脏 + 降胆固醇

虾含有丰富的镁，对心脏活动具有重要的调节作用，能很好地保护心血管系统，减少血液中胆固醇的含量，防止动脉硬化，预防高血压及心肌梗死；同时富含磷、钙，对小儿、孕妇具有补益功效。

·营养小贴士·

红枣小米粥

初级　⏱ 1小时　🍚 3人

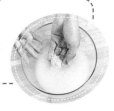

Q&A

红枣小米粥怎么做才浓稠不煳？

首先，淘洗小米的次数不宜过多，避免营养成分流失；其次，需于锅中一次性加足水量，若中途加水，则米汤不会浓稠；最后，煮沸后要不停地搅拌才不会煳锅。

材料

红枣 8 颗、小米半碗

调料

蜂蜜 1 大勺

扫我做美食！

制作方法

1 红枣洗净，去除枣核，备用。

2 小米淘洗干净，浸泡 15 分钟，控干水分，备用。

3 煮锅中加入 3 碗清水，大火煮沸。

4 倒入小米，再次煮沸。

5 然后放入红枣，转小火煮 30 分钟。

6 煮至黏稠后，关火、盛出，淋入蜂蜜，即可食用。

健胃消食 + 滋阴养血

小米富含蛋白质、脂肪、维生素 B_1、维生素 B_{12}、钙质、酶等，具有防止消化不良、抗神经炎、预防脚气病的功效，还可滋阴养血、减轻皱纹、补脾安神，一般人均可食用，是老人、病人、产妇宜用的滋补品。

·营养小贴士·

蜂蜜八宝饭

中级　⏱ 50分钟　🍚 3人

温中补脾 + 止泻收汗

糯米含有蛋白质、脂肪、糖类、钙、磷、铁、维生素、烟酸等物质，营养丰富，可温补益气、健脾养胃，对缓解腹胀、腹泻也有一定功效；莲子有很好的去心火功效，可治疗口舌疮，有助睡眠。

·营养小贴士·

Q&A
八宝饭如何做更好吃，也更饱满？

制作八宝饭时，涂上少许色拉油可以使米饭粒粒饱满，香软可口。色拉油也可以用猪油替代。或者想要米饭更好地吸收配料的味道，加热前可以先洒一点儿水，让米饭的水分饱和，最后做出的米饭一定会香满四溢。

材料

糯米 1 碗、莲子 12 颗、核桃仁 2 大勺、葡萄干 2 大勺、葵瓜子 1 大勺、青红梅丝 1 大勺、蜜枣 6 颗、豆沙馅 1 碗

扫我做美食！

调料

油 2 大勺、白糖 0.5 大勺、蜂蜜 1 大勺

制作方法

1 糯米洗净，放入冷水浸泡两小时后，倒掉泡米水。

2 将糯米倒入电饭锅，倒入刚刚没过手背的水，蒸熟。

3 莲子用温水泡发，核桃仁砸成核桃碎。

4 糯米饭盛入碗中，加 1 大勺油、半大勺白糖拌匀。

5 取一大碗，在碗底和碗壁涂上一层油。

6 在碗底放入葡萄干、葵瓜子、核桃碎、莲子、青红梅丝、蜜枣。

中火蒸20分钟

7 中间依次加入糯米饭和豆沙馅，用勺子压实。

8 最后再覆盖一层糯米饭，用勺子压实。

9 放入蒸锅，蒸熟后倒扣在盘子上，淋上蜂蜜，即可食用。

白萝卜焖牛腩

高级　⏱ 1小时30分钟　🍽 4人

促进吸收 + 止咳化痰

白萝卜富含蛋白质、钙、磷、铁及各种维生素、酶等，其中含有的淀粉酶可有效分解食物中的脂肪及淀粉，促进营养物质的吸收。另外，白萝卜还具有清热生津、止咳化痰的功效。

·营养小贴士·

Q&A

白萝卜焖牛腩怎么做更酥烂鲜甜?

煮制之前牛腩要在清水中浸泡，并用开水焯至变色；煮制过程中，要用筷子插入牛腩，确认其熟烂后再放入白萝卜，这样可使白萝卜更加鲜甜。另外，白萝卜在焖制之前也要焯烫一下，以去除辛辣味。

材料

白萝卜1根、牛腩2块、姜8片、蒜6瓣、葱5段、八角3个、桂皮半块、香叶3片、花椒1小勺、香葱花适量

调料

油5大勺、柱候酱2大勺、生抽3大勺、老抽1大勺、料酒2大勺、白糖2小勺

扫我做美食！

制作方法

① 白萝卜洗净、去皮，切成滚刀状，在开水中煮5—6分钟后捞出。

② 牛腩洗净，切块，放入清水中搓洗，去除血水。

③ 将洗净后的牛腩块放入开水中焯烫至变色，捞出备用。

④ 炒锅中倒油，烧热后放入姜片、蒜瓣、葱段、八角、桂皮、香叶、花椒爆香。

⑤ 放入焯好的牛腩以及2大勺柱候酱，翻炒至牛腩均匀上色。

⑥ 加入清水，以没过牛腩1cm为宜。

⑦ 再加入生抽、老抽、料酒、白糖，大火烧开后加盖，转小火慢焖1小时左右。

⑧ 牛腩煮至较烂时，加入在开水中焯过的白萝卜。

⑨ 继续加盖，用小火焖10分钟左右，然后撒上少许香葱花，即可关火盛出。

121

蒜苗炒猪腰

🍳 初级　🕐 25分钟　🍜 2人

Q&A

蒜苗炒猪腰怎么做才味美香嫩？

首先，猪腰在处理时需撕去表面筋膜，多用清水冲洗几遍；其次，在炒制猪腰过程中烹入料酒，可去除猪腰的腥气。另外，猪腰不必炒过长时间，以保持脆嫩的口感。

材料

猪腰1个、葱白1段、蒜苗2根、红椒1个

调料

油1大勺、料酒1大勺、生抽1大勺、醋1大勺、香油1小勺

扫我做美食！

制作方法

1 猪腰撕去表面筋膜、骚筋，洗净，切片，备用。

2 葱白洗净，切末；蒜苗洗净，切段；红椒洗净，切菱形片。

3 锅中倒入1大勺油，烧热后放入猪腰片，略炒至变色。

4 接着，依次放入葱末、红椒、蒜苗。

5 烹入料酒、生抽、醋，翻炒均匀。

6 最后，淋入香油，喷香的蒜苗炒猪腰就做好了。

强腰补肾 + 治疗耳聋

猪腰富含蛋白质、脂肪、碳水化合物、维生素和铁、磷、钙等，具有补肾气、通膀胱、消积滞、止消渴之功效，可用于治疗肾虚腰痛、水肿、耳聋等症。猪腰适宜肾虚之人食用，血脂偏高者、高胆固醇者忌食。

·营养小贴士·

我最爱吃的猪肉
作者◎赵立广　定价 /25.00

回锅肉、狮子头、粉蒸肉……一场丰富的猪肉料理盛宴即将开席，你还在等什么？赶紧行动起来吧！

我最爱吃的蔬菜
作者◎加贝　定价 /25.00

手撕包菜、姜汁藕片、肉末茄子……精美的图片、简明的步骤，让你轻松做出美味佳肴；妈妈再也不用担心我的厨艺了！

我最爱吃的鸡鸭肉
作者：曹志杰　定价 /25.00

宫保鸡丁、啤酒鸭、照烧鸡腿饭……本书收集了多种鸡鸭肉菜式和烹饪方式，绝对是鸡鸭肉爱好者的实用烹饪指南！

我最爱吃的海鲜
作者◎加贝　定价 /25.00

清蒸鲈鱼、红烧带鱼、蚵仔煎……本书带你领略一道道美味的海鲜料理，蒸烧煮炸一起上，绝对让你馋涎欲滴！

我最爱吃的牛羊肉
作者◎加贝　定价 /25.00

酸汤肥牛、水煮牛肉、葱爆羊肉……用最家常的技法做出最美味的牛羊肉料理，步骤易懂，让你一学就会！

我最爱吃的豆料理
作者◎加贝　定价 /25.00

麻婆豆腐、毛豆鸡丁、扁豆焖面……各种菜式和烹饪技法应有尽有，让我们与鲜香豆料理来一场美丽的邂逅吧！

我最爱吃的蛋料理
作者◎加贝　定价 /25.00

韭香鸡蛋、滑蛋牛肉、皮蛋豆腐……百搭蛋料理震撼来袭，绝对让所有厨盲小伙伴华丽变身，成为料理小厨神！

我最爱吃的菇料理
作者◎加贝　定价 /25.00

双菇荟萃、醋拌鲜菇、冬菇烧猪蹄……50 多道味香色美的菇料理，等你来品尝，邀你亲自动手来制作！